素材いろいろ物語

ファッション入門講座

若狭純子

はじめに

この本は、日刊『繊研新聞』に、「入門講座・素材いろいろ物語」として2014年10月から16年7月まで連載したものをまとめたものです。

繊研新聞はファッションビジネス業界の専門紙です。この世界のプロ、およびプロを目指す方々にお読みいただく新聞であり、取材の対象も世界中のアパレルメーカーや小売店、デザイナー、素材メーカーなど多岐にわたります。

読者の仕事に役立つことを目指し、日々、ニュースを追う一方で、「素材について、もっと知りたい」というご要望をよく受けます。もちろん、「素材・製造面」という専門のページもあり、ほぼ毎日、糸や織物などファッションの素材について報道しているのですが、「基本的なことを学び直したい」「今さら聞けない話を教えてもらえたら……」との思いを抱いている読者が少なくないことがわかってきました。

そうした声に少しでも応えたいと考え、毎週月曜日に「知・トレンド面」というページを新設しました。解説と読み物を中心とする面で、「入門講座・素材いろいろ物語」は新聞小説風のレイアウト。その第1回からの連載が決まりました。

内容は、「ファッション素材にまつわるさまざまなお話」であり、教科書でも事典でもありません。難しいイメージの強い素材について、少しでも身近に感じられるようなストーリー性と柔らかさを持たせたいと考えたしだいです。

できれば、どこから読んでも、「ああ、なるほど」「意外に面白いな」と思っていただけるのが理想でした。つまり、勉強ではなく、仕事にかかわる裏話やちょっとした蘊蓄《うんちく》といった発見のある欄を作りたかったのです。

はじめに

私は約20年の記者生活の大半を、原糸メーカーや織物産地、テキスタイルトレンドなど、いわゆる「繊維の川上」分野で過ごしてきました。取材先の皆様には、まったくの素人の記者に対して、親切に、また時に厳しく、多くのことを教えていただきました。一歩、二歩と近づけば近づくほど「素材」の奥深さを実感するばかりですが、それらがそれほど知られていないことがもどかしくもありました。

一本の糸から生まれるファッション素材の世界には、日本だけでなく、地球上のあらゆるところで共通する普遍的な営みがあります。同時に素材は、その土地ごとに凝らされた工夫によって彩りを増し、より豊かなものへと変化しています。

良い食材がなければ美味しい料理ができないように、良いファッション素材がなければ、素敵な服も、心地良い服も作ることはできません。服を着ているということは、素材を身につけていることでもあります。そんな存在を、もっと身近に感じてもらうために、この本が少しでもお役に立てば、うれしく思います。

素材というと機能などのスペックに終始しがちですが、一つひとつの素材の背景には、それらが誕生した物語があります。売り場での接客に生かせば、必ずやお客様とのコミュニケーションが豊かになり、販売スタッフとの関係も育まれると思います。接客トークのネタ本としても活用していただければ幸いです。その手助けになればと、本書に登場する主な素材関連の用語を巻末に索引としてまとめました。ぜひ、ご活用ください。

これまで取材に付き合ってくださった皆様、そして連載中にも多くの助言をくださったテキスタイルコーディネーターの車純子さん、伊藤忠ファッションシステムのクリエイティブディレクターの池西美知子さん、そして至らない点を補ってくれた諸先輩・仲間たちに感謝申し上げます。

もくじ

糸を織り上げる　織機　245

編んで作る衣服・生地　編物　263

前語り　服を作る素材

「さまざまな服」に「さまざまな素材」

人は、いつごろから衣服を身にまとうようになったのでしょう。人類は500万〜600万年前に誕生したといわれます。その長い歴史の中で、いつごろ、なぜ、衣服を着るようになったかは定かでありません。ただ、雨風や寒さから体を守り、より安全に生活するため、獣の皮や草などを利用し始めたのではないかと考えられています。

衣服を着るということは、裸で過ごさなくなるということでもありますが、始まりの始まりは、宗教的な意味合いよりも、さまざまな危険を遮《さえぎ》るための生活の知恵として、何かを身にまとうようになっていったと見て良いでしょう。

何万年かを経て、21世紀の私たちは、ファッションとしてさまざまな服を楽しんでいます。「さまざまな服」を形にするには、「さまざまな素材」が必要です。素材とは文字の通り、「もととなる材料。原料」（広辞苑）のことですね。では、ファッション、とりわけ服の素材とは、どこからどこまでを指すのでしょう。

例えば、今年（２０１４年）の夏物で多く出回ったリネンシャツを思い出してみてください。メンズでもレディスでも、シンプルなデザインのものが多かったので、シャツを構成しているのは、リネン織物とボタン、縫い糸といったところでしょうか。「服のもととなる材料」という意味では、リネンの織物もボタンも縫い糸も「素材」です。なかでも、最も占める割合の多いもの、つまりこの場合はリネンの織物を素材と呼ぶのが一般的です。

これに対し、ボタンや縫い糸は服飾副資材として区分します。服飾副資材に特徴があると、例えば「貝ボタンのリネンシャツ」などと表現しますね。このように、素材とは服を作るうえでも、表現するうえでも、大きな要素であるわけです。

では、リネンの織物とは、どういうものなのでしょうか。リネンは麻の一種です。麻の仲間の中でも亜麻《あま》という植物（フラックス）の茎から糸を作り、それを織り上げていきます。

ラグジュアリーなミイラ？

実は、現存する最古の織物が、リネンの織物です。紀元前4200年ごろのもので、エジプトの遺跡から発見されました。ミイラを巻いていた布の一部です。エジプトでは少なくとも紀元前8000年ごろには、リネン織物の原料であるフラックスが栽培され、衣服のほか、神事から生活資材などさまざまな用途で使われていたようです。リネンは非常に丈夫な繊維で、吸水・速乾の機能のほか、抗菌効果もあるため、ミイラを包むにも最適でした。

この当時、織物の作り方が多様だったことがわかっています。今夏のシンプルなリネンシャツは、平織りといわれる織物が多かったはずですが、この基本の織り方だけではなく、もっと凝った織物も、すでに作られていました。

しかも、この最古のリネンの織物に使われた糸は、大変に細い糸で、現代では再現が不可能ともいわれています。当時は、手で紡ぐ高度な技術があったのですが、現在は高速の機械で紡ぐため、糸の強度が必要だからです。約６０００年前のエジプトの上流階級の人々のほうが、今の私たちよりも貴重な極細糸の織物をまとっていたと考えると、なんとなく優雅でラグジュアリーな雰囲気がしてきますね。

こうした史実だけでなく、神話やおとぎ話にも多くの織物の物語が残っています。それは、衣服が人々の長い営みの中でも親しい存在で、とても大事にされてきたことを教えてくれます。衣服作りに必要な素材も彩り豊かです。これから、さまざまな素材について一緒に見ていきましょう。

布って何?

リネンシャツの場合、リネンの織物が、最初に素材と呼ばれることを見ました。平面的な織物を裁断し、縫って立体的な服にしますが、織物とは、どう捉えるとよいでしょうか。

まず、織物は布の一つです。布とは、糸を使って、一定の長さや幅、厚さを持たせたものを指します。素材の中でも、目で見て、手で触って風合いを確かめられるものですね。英語のテキスタイル（textile）とほぼ同意語で、ファッション業界ではカタカナのまま通用します。

布の中で、2本の糸をタテとヨコに組み合わせたものが、織物です。英語ではwoven fabric（ウーブンファブリック）、cloth（クロス）などといいます。ちなみに、「織」の字のつくりの部分は、「直（まっすぐ）」の意味。この一文字で「タテ糸をまっすぐに織機にかける」ことを表します。垂直に糸を組み合わせ、しっかりとした布地を織り上げるわけです。

ほかには、どんな布があるでしょう。例えば、手芸などに使

われるフェルトがありますね。詳細は追々触れますが、フェルトは糸と糸を組み合わせては作らないため、不織布《ふしょくふ》（織っていない布）の一種と呼んでいます。もともと、羊の毛（ウール）が縮んだり、からまり合ったりする性質を生かして、布状にしたものが始まりだったと考えられます。

機械が決め手

布で忘れてはならないのが、編物です。よく「織・編物」とセットでいいますが、織物と編物の違いは何でしょうか。それは、糸の使い方です。織物にはタテとヨコに糸が必要ですが、編物は1本の糸を編んでいきます。糸の輪《わな》(英語ではｌｏｏｐ、ループ)、つまり編み目を一つひとつ、つなげる構造です。英語でニット(ｋｎｉｔ）といいます。

ただ、ニットには、セーターのように、服の形になったもの（ニットウエア、横編み）と、裁断して縫い合わせて服にする編み地（編んだ布）とがあります。「織・編物」として、織物と並ぶのは後者の編み地ということになります。

編み地は、大きく、丸編み（ｊｅｒｓｅｙ、ジャージー）と経《たて》編み（ｔｒｉｃｏｔ、ワープニットまたはトリコット）に分けられます。たいていのカットソーは、丸編みをカット（ｃｕｔ）＆ソーン（ｓｅｗｎ、縫った）したものです。経編みを使う商品では、ランジェリーやガードル、スポーティーなパンツなどが代表的です。

整理すると、衣服の素材という世界の中で、布・テキスタイルが大きな位置を占めます。衣服から見ると、一番近い素材です。その代表例が織物であり、編み地です。

少し込み入って見えますが、機械とのつながりで捉えると、かなりシンプルになります。糸を織り機にかけるから、織物。丸編みや経編みは、編み機が丸く筒状に編むか、タテ方向に編むかの違いです。

糸を構成する原料

最も衣服に近い素材である「布・テキスタイル（生地）」には大きく、織物と編物（編み地）があり、その違いは機械によるものでした。立体的な3次元の服には、2次元で平面的な生地が必要ということでしたね。

次に、2次元の生地になるまでの素材の世界を見ていきましょう。布を作るのは、糸です。英語では、ヤーン（yarn）やスレッド（thread）などといいます。この1次元の糸を構成するのが、繊維（fiber、ファイバー）であり、原料（m aterial、マテリアル）です。糸の性質も、繊維・原料で決まります。身近な服から素材を見始めて、いよいよ源流にたどり着きました。

繊維は、大きく2種類に区分することができます。天然繊維（natural fiber）と化学繊維（chemical fiber、man-made fiber）です。

天然繊維は、有史以前から地球上に存在したものということができます。約1万年前には麻が利用されていたことは前回に述べましたね。麻は天然繊維で、その中でも植物繊維（vegetable fiber）の一つ。最も量の多い植物繊維は綿です。植物繊維は光合成で生成されるセルロースが主成分です。

一方で、天然繊維には動物繊維（ａｎｉｍａｌ ｆｉｂｅｒ）があります。羊毛（ｗｏｏｌ、ウール）やカシミヤ（ｃａｓｈｍｅｒ）、蚕が作る繭から採れる絹（ｓｉｌｋ、シルク）などが代表です。主成分は、動物自身が作るタンパク質です。

植物繊維も動物繊維も、何となく乾いて、爽やかな感じだとか、ふわふわと温かいイメージなどが湧いてきますね。その自然な個々の特徴が、糸になり、布から衣服になるうえでも大事な要素です。あまり難しく考えず、自分の感覚で素材の個性をつかんでおくと便利でしょう。

シルクに代わる素材を求めて

次に、化学繊維です。人間が作り出した繊維で、人造繊維ともいいます。最初に発明されたのは１８９１年、英国でのレーヨンとされています。美しく高価な天然繊維、シルクに代わる素材を作ろうという努力の成果でした。この後、20世紀には競うように化学繊維が開発され、発達していきました。

その中で、大きく3分類できます。化学的な手段の違いで、レーヨンやキュプラなどは、再生繊維（regenerated fiber）といいます。天然の物質を溶かし、また繊維状にするためです。アセテートは半合成繊維（semi-synthetic fiber）です。元になる天然の物質に化学薬品を部分的に結合させた後、繊維にするから「半」。そして、生産量の多いポリエステルやナイロン、アクリルなどが合成繊維（synthetic fiber）です。元にする物質そのものも、化学的に作り出したものだからです。

衣服の素材の基本の「いろいろ」を駆け足で見てきました。そのうえで、原料の個別編に入っていきましょう。

麻

天然繊維・植物繊維

さらさらとして清涼感のある麻。
夏ものやキッチン回りの品などで親しまれています。
その性質や種類を見てみましょう。

素材いろいろ物語

第1話

花は桜、布なら麻

みんな別物？

原料の個別編に入ります。最初は、麻です。人類が最も古くから利用してきた繊維でしたね。そして、分類上は天然繊維の中の植物繊維に属しました。

日本で麻と呼んでいるものは、リネン（亜麻）のほかに、ラミー（ramie、苧麻《ちょま》）やヘンプ（hemp、大麻）、ジュート（jute、黄麻《こうま》）などがあります。「茎を裂いた繊維」の意味のバーストファイバー（bast fiber）ともいわれるように、植物の幹の皮（靭皮《じんぴ》）から採った繊維です。主な成分は綿と同様にセルロースですが、綿より強く、緻密かつ硬い繊維です。その断面の真ん中には空洞があり、よく水分を含み、また発散できる構造になっています。天然の撚《よ》りはありません。これが、吸水・発散・通気性などに優れる持ち味になっています。

このあたりまでは、麻のすべてにほぼ共通しているのですが、実は植物学上では、これらはまったくの別物です。亜麻はアマ科、苧麻はイラクサ科、大麻はクワ科というように、日本ではざっくり20～30種くらいの植物を「麻」と呼んで使ってきました。欧米では、それぞれ関連性のない名前で呼ぶのと比べ、少しまぎらわしいですね。

現在、衣料用として認められ、家庭用品品質表示法で「麻」と統一されているのは、リネンとラミーです。ヘンプは「指定外繊維（ヘンプ）」と示されます。

麻と絹で「すべての織物」

多麻河にさらす手作りさらさらに
何そこの児のここだかなしき

これは、『万葉集』の一首です。歌意は諸説ありますが、「多摩川の流れの中に入って布をさらしている彼女は、なんて愛らしいんだろう」くらいに解釈して、よさそうです。現在の東京や神奈川にかかる多摩川の周辺で栽培され、女性たちが織り、洗い、天日干しをして仕上げた布は、苧麻だったと考えられています。

もともと日本に自生した多くは大麻（当時は「おおあさ」と呼んだようです）で、万葉集にも多く詠まれています。苧麻は、「からむし」または「支那麻（チャイナグラス）」の別名があるほどで、中国南東部など高温多湿の地域から伝わったと見られます。そして、広く行き渡り、庶民の着るものになっていきました。なかでも、上質なものが、各地に残る上布《じょうふ》です。今も麻織物の産地として知られる、滋賀県湖東地域の「近江上布」などが有名ですね。

ファッションの世界では、「布帛《ふはく》」という織物の同意語をよく使います。この「布」は、万葉集や上布で見たように、麻織物です。「帛」は絹織物で、麻よりも高級品として上流階級に使われました。二つを合わせて「すべての織物」を指したわけです。花といえば桜を意味したように、日本には、布といえば麻の時代がありました。

第2話

芯のある美しさ、幸運を呼ぶ

可憐な亜麻

前回、日本で古くから親しまれてきた大麻（ヘンプ）や苧麻（ラミー）を見ましたが、今回は亜麻（リネン）です。

古代エジプトでも使われていた亜麻の原料は、フラックスという植物でしたね。これは亜麻科の一年草で、涼しい地方で栽培されています。現在は主に、フランスやベルギー、ベラルーシ、ロシア、中国などで生産されています。苧麻が高温多湿の地域でよく育つ（年に3〜4回、多ければ6回も収穫可能）のとは対照的ですね。

湿気の少ない大地で、初夏に揺れる薄青紫の花の可憐さは心に残るといいます。朝に咲き始め、昼を待たずに散ってしまう、はかなさのせいかもしれません。この花を見られたら幸運とされ、花言葉は「感謝」です。

すべての花が咲き終えるまでの幸運期は、1週間くらいしかありません。その後、自然に乾燥するのをゆっくり待ち、茎から繊維を取り出して糸にしていきます。

日本でも明治以降、北海道で栽培された時期がありました。駐露公使だった榎本武揚が繊維用の植物として紹介したのが、始まりといわれています。その後、屯田兵によって開拓された大規模な土地でフラックスが栽培され、近代化に欠かせない産業資材用の繊維としてリネンが紡績されたわけです。

芯の強さも

ただ、リネンは日本に限らず、さまざまな競合の中で、減ってきた繊維でもあります。

今、世界で生産されるリネンは、約22万トン。綿と比べると、ざっと100分の1で、ウール（羊毛）の10分の1程度です。フラックスは連作には適さず、6、7年ごとに輪作するため、原料そのものに限りがあります。また、極端に伸びの少ない繊維で、原料扱いも難しい原料であることから、ほかの繊維に置き換わった分野もありました。

しかし、それでも親しまれ、ファンをつかんでいる分野が衣料・ファッションの世界であり、シーツをはじめとする寝具であり、テーブルクロスなどキッチン回りです。こうした場面で発揮されるリネンの長所は、天然繊維の中で最も丈夫で、汚れにくいことです。繊維の構造が非常に緻密なために、汚れがついても、すぐに落ちるほど清潔です。夏の服やシーツに最適な冷たく硬い触感、キリッとしたハリ、吸汗・速乾性があり、洗濯後もすぐ乾きます。乾燥機よりも陰干しのほうが風合いを損ねず、楽しめます。

　やや専門的ですが、繊維の束を構成する最小単位の繊維（繊度《せんど》）が非常に細いことで、しなやかさも兼ね備えています。強さと柔らかさを持つ生成《きな》りの糸は、内側から輝くような美しさです。

　その魅力をとらえた曲「亜麻色の髪の乙女」も世界的に有名ですね。金髪ほど派手すぎず、シャンパンのような艶のある栗色の髪に出会えたら、幸運な気分を味わえそうです。

天然繊維・植物繊維

綿

植物繊維の代表格、綿。
服の素材としてなじみ深い存在ですが、
長所も種類も多いようで……。

第3話 最も親しい服の友

綿の花と綿花は別物

綿を見ていきます。Tシャツやジーンズ、タオルなど、私たちには身近な素材ですね。家庭用品品質表示法でも、「綿」「コットン」「ｃｏｔｔｏｎ」の３種類の用語が認められています。どの言い方であっても、多くの人に通じる素材の代表ではないでしょうか。おそらく、クローゼットに綿製品が一つもない、という人はいないはずです。そのくらい、現代の生活にも溶け込み、なじみ深い繊維です。

綿は、アオイ科の植物（学名ゴシピウム、Ｇｏｓｓｙｐｉｕｍ）の種子に密生する毛から作る繊維です。その毛は、綿実《めんじつ》ともいい、柔らかくて白いわたを指します。よく聞く「コットンボール」とは、このことです。ふわふわとしたわたのボールの中で、いくつもの種子を守っているのですが、一方で、人類はこれを紡いで糸にし、衣服に活用してきたわけです。

ちなみに、「綿花は綿の原料。繊維」と国語の辞書に載っていますし、一般的にはわたを指す言葉として、綿花のほうがよく使われています。しかし、綿の実はコットンボールであり、まさに綿実です。綿花と聞いたら、「コットンボールのことだな」と思ってください。まぎらわしいですが、綿は白いわたになる前、薄い黄色の花をつけます。綿の花と、綿花は別物なのですね。

布帛の「帛」

綿はインダス地方で発達しました。少なくとも、紀元前3300～2500年ごろに栄えた古代文明都市、モヘンジョ・ダロなどの遺跡から綿織物の断片や糸繰り車が発見されており、そのころには人々が綿を使っていたことがわかっています。

その後、有名なマケドニアのアレキサンダー大王が紀元前331年からペルシャ・インド方面に遠征し、綿の種子や製品、紡織の職人たちをギリシャに送り、西洋に伝わったといわれています。

一方、中国に伝わった綿は本来「棉」です。前回までの麻の話の際に、「布帛」の布が麻織物、帛は絹織物を指したことを見ましたね。棉は「木」と「帛」ですから、「絹に匹敵する草木繊維」ということになります。

こうして、古代インドから世界各地に広がった綿。以来、吸水性や柔らかさ、洗濯のしやすさなど、衣服に使う繊維として優れ

た点が浸透し、現在、1年間にざっと2400万〜2500万トン生産されています。これは衣料品に使う素材としては、数ある繊維の中で最大であることを示しています。最も身近な存在であることも納得ですね。

第4話 タフでスグレモノの一面も

塩にも強い？

綿は服の素材として、最も身近な繊維です。その一方で、植物として思いがけない力を持っていることも、最近、知られ始めています。東日本大震災がきっかけでした。

それは、「塩分に強い」という性質です。植物は土や気温、湿度など、さまざまな条件の中で自分に合った自然環境を選んで繁殖していきますね。綿は暖かい気候を好むとともに、土壌の塩分の濃度が0・6%くらいまでなら問題なく育ち、実を結ぶ植物です。例えば、稲（米）の場合、綿の3分の1程度の塩分濃度（0・2%超）でも生育が難しいのと比べると、綿の強さがわかります。しっかり育つだけでなく、栽培が続けば、その土地の塩分を除去する効果も期待できるというスグレモノです。

この力を、津波の被害にあった土地に活用しようと取り組まれたのが、「東北コットンプロジェクト」です。米が作れなくなった土地を、綿の力で再生することを意味します。これは、代々受け継がれてきた水田も家も失った農家の人々を思う気持ちから始まった運動です。その支援の輪は3年を経て、繊維・ファッション業界を中心に80以上の企業・団体まで広がっています。仙台空港にほど近い土地で、日本の綿花としては北限といえそうな厳しい条件の中ですが、雑草取りから収穫まで多くのボランティアが入るなど、活動は続いています。

菅原道真も触れた？

では、古代インドで発達した綿は、いつごろ日本に来たのでしょうか？

菅原道真が編纂したとされる「類聚国史《るいじゅうこくし》」によると、799（延暦18）年に、三河国（現在の愛知県）に漂着した天竺（インド）人が種子を伝え、諸国に分けて栽培させたということです。それまで、大麻や苧麻《ちょま》など保温性に欠ける繊維で衣服をまかなってきた日本人にとって、どれほど喜ばしいことだったことでしょう。

ただ、普及という点では、当時はあまり成功しなかったようです。その後600年を経た15世紀ごろ、朝鮮半島や中国から伝来し、日本の風土に適した品種が、畿内や瀬戸内、東海地方などへと各地に広まり、地域の産業を形作っていきました。「綿の初上陸の地」で、今も三河木綿で知られる愛知県知立市には、松尾芭蕉の「不断たつ池鯉鮒の宿の木綿市」という俳句が残っています。東海道五十三次の宿場町を特産品が飾るにぎわいが伝わってくるようですね。

その後、明治時代まで綿の栽培は盛んでしたが、徐々に輸入の安い綿に押され、産業用としてはほとんど使われなくなりました。しかし、最近はまた、日本育ちの「和綿《わめん》」作りが見直され、地域振興とともに盛り上がり始めています。

第5話

長所の多い身近な存在

長いほど、細くて高級

綿は、アオイ科の植物の種子に密生する細かな繊維でしたね。この植物には、多年生の樹木から一年生の低木など、いろいろな種類があります。現在、私たちが身につける綿のほとんどは、一年生の草木のものです。

その中の種類は、専門的な分類とはあまり関係なく、生産地ごとに米綿、エジプト綿、インド綿……などと、ざっくりと呼ぶのが一般的です。ただ、ひと口に米綿といっても、繊維の品質にはさまざまあるため、取引上は分けています。その中で、最も量が多く、有名なものが、アップランド綿です。米綿の代詞ともいわれ、世界の綿製品の9割を占めるほど応用の利く品種です。現在、最大の綿の生産地である中国ほか、多くの地域で栽培されています。

では、綿の品質を左右するのは、何でしょうか。

一つは、持って生まれた繊維の平均的な長さ（繊維長）です。長いほど、細く高級な糸になります。長さで分類し、3・5センチ以上のものを、超長綿《ちょうちょうめん》（超長繊維綿）と呼んでいます。決まった品種を指すものではないので、さまざまな品種があります。エジプトのギザ綿や米国のピマ綿、その改良品種のスーピマ綿、カリブ海の島々で栽培される海島綿《かいとうめん》（シーアイランドコットン）などが有名です。なかでも、海島綿は繊維長が4・5～5・5センチに達するほど長く、天然繊維では絹に次ぐ細さといわれます。

5000年のお付き合い

超長綿のほかに、最近よく聞かれるオーガニックコットンとは何でしょうか。

これは、植物学上の名前でも、生産地名でも、長さでもなく、土（土地）から見た分類といえます。オーガニックは有機栽培と訳されますね。ここでは、化学的な農薬を、少なくとも3年以上使わない土地で栽培されることを指します。土壌の化学成分の検査などいくつもの基準があり、さまざまな項目で第三者機関が厳しく調べ、認証したものが、オーガニックコットンとして流通する仕組みです。つまり、現在のルールでは、自己申告だけでオーガニック製品をうたうことはできません。

自然志向やエシカル（倫理的な）意識の高まりから、オーガニック製品を求める消費者は増えてきました。とはいっても、全世界の綿の生産量に占める割合は、まだ0・5％程度。農薬を使わない農業の厳しさや苦労が伝わってきますね。

綿はバラエティー豊かに広がりつつ、身近な存在であり続けています。５０００年以上にもなる歴史の中で、いつの時代も親しまれてきたのは、吸水性が高いのに保温性もあり、繰り返しの洗濯にも耐えられるなど長所が多いからです。肌に優しいのは、繊維の先に丸みがあり、柔らかだから。直射日光には少し弱いですが、衣類に欠かせない素材として、これからも歴史を紡いでいくことでしょう。

天然繊維・動物繊維

ウール・獣毛

羊毛は「ウール」、ほかの動物の毛は「獣毛」。
さらに単に「毛」と呼んだりも……。
動物の毛であることは同じでも、何で区別しているの？

素材いろいろ物語

第6話

豊かさの象徴、ヴィーナスも

昔々、メソポタミアで

2015年、あけまして、おめでとうございます。ひつじ年はウール（羊毛）で始めたいと思います。

突然ですが、「ミロのヴィーナス」という大理石の像を思い出してみてください。世界的な傑作を所蔵するパリ・ルーブル美術館の中でも、いつも人気の彫刻です。なぜか両腕がないなど謎が多く、かえって人々を引きつけていますね。美しい胸はあらわですが、腰から下は布で覆われています。では、この布はどんな素材なのでしょう?

答えは、毛織物です。ヴィーナス像は紀元前4～2世紀に作られたと見られています。このころは、リネン（麻）織物が広く普及していて、エジプトやギリシャの人々が身につけていたことは、すでに見てきました。一方で、紀元前2200年頃のメソポタミアで羊の毛から糸を作る革新的な技術が見いだされ、織物が作られ始めました。それがエジプトやギリシャ、ローマへともたらされ、牧羊も広がっていきました。

ヴィーナスの時代には、毛織物も伝わっていたわけです。あの布の柔らかなボリューム感や体に沿ったドレープは、硬くてフィットしにくいリネンの織物では、まず出ません。黄金比ともいわれる見事な肉体の像には、布にもふさわしい素材が選ばれていたのですね。貴重で優雅な毛織物をまとったヴィーナスは、今以上にラグジュアリーな存在だったことでしょう。

羊は今や3000種

羊は昔から世界中で、豊かさを象徴する動物です。諸説ありますが、有史以前からイランやアフガニスタンなど中央アジアで、羊が飼育されていたとされています。乳を飲み、肉を食べ、毛皮は身につけられ、敷物にも使えるという貴重な動物でした。紀元前6000年頃には放牧が広がり、メソポタミアで毛織物が作られていったわけですね。

ざっと8000年も前から衣食住のすべてに役立つ動物として、保護され、重宝されてきた羊ですが、始まりの頃の羊は、今の私たちが思っているような白く、ふわふわの毛の羊とは違っていました。茶色や黒の混じった毛は硬かったり、短かったりで、糸を紡ぐことも骨が折れたことでしょう。それを、糸にしやすいよう、柔らかく白いものにしようと長い年月をかけて人間がかかわった結果が、現在の羊を作り上げています。牧羊が広がった世界各地で品種が改良され、羊は今や３０００種あるといわれています。

この羊の毛を指すウール（ｗｏｏｌ）という英語のルーツは、印欧祖語までさかのぼり、「かきむしる、引き抜く」を意味するウエラにたどり着くとされます。古くは、羊から自然に落ちた毛を集めたりして利用したはずのものが、生きている羊の毛をかきむしったり、引き抜いたりして、人間が採取する毛として発達してきた様子がうかがえますね。

ミロのヴィーナスの布は
実はウールでした
あったか
PAR

第7話

フリースって本当は羊？

元祖フリース

寒さがつのると、街でフリースが活躍する季節となります。さて、今や大人から子供まで、誰もが1着は持っていそうなフリース（ｆｌｅｅｃｅ）。これが、もともとウール（羊の毛）とほぼ同義語ということは、ご存じでしょうか？

羊の毛をバリカンで刈り取る際、上手に1頭分の毛が絡み合い、「1枚（1塊）の毛皮状になったもの」がフリースです。フリースウールともいいます。この後、細かな異物を除いたり、毛を洗ったりと、さまざまな工程を経てウールの糸が作られていきます。そして、織物や編物、服になっていくので、フリースがウール製品の出発点と考えてよいかもしれません。

本来のフリースの意味から、柔らかな毛の絡み合った、モコモコと柔らかな生地のことを、フリーシー（ｆｌｅｅｃｙ）と呼んだりもします。毛足が長く、ボリューム感のある風合いの織物や編物の形容に使います。

現在、フリースといえば、前述したポリエステルの防寒着のほうが有名です。これが登場し始めたのは、１９７０年代。まさに、フリーシーな生地を使った高機能アウターとして開発されました。アウトドアブランドから打ち出されたものが流行を引っ張り、世界中で開発が続き、冬を代表するウエアとして定着しました。見事なネーミングも、成長を手伝ったかもしれませんね。

梳毛と紡毛

さて、どんなにフリーシーな生地でも、家庭用品品質表示法では、原料である素材がポリエステルの場合、「ポリエステル」と表示されますね。羊の毛であるフリースからスタートする製品は、「毛」「羊毛」「ウール」「WOOL」の4種類の表示が認められています。「毛」というときは、羊毛だけでなく、カシミヤその他、さまざまな動物の毛に使えることになっています。

では、そのウール製品を語る際、よく聞く「梳毛《そもう》」と「紡毛《ぼうもう》」は、何が違うのでしょう?

梳毛は、ウーステッド（worsted）といい、約5センチ以上の長い毛繊維だけを使った糸を指します。ウールにはいろいろな長さの繊維が入り交じっているため、それを櫛削《くしけず》り、短い繊維は除いて、長く細い繊維だけを残す方法が14世紀ごろ、英国で考案されました。繊維が整って美しく、強い糸が生産できるようになったわけです。

それまで、ウールは紡毛（ｗｏｏｌｌｅｎ、ｗｏｏｌｅｎ、ウールン）だけでした。太く、柔らかでウールらしい糸のため、今も紡毛という語がウール製品を総称することがあります。フラノやツイードなど、ざっくりとした紡毛織物の世界に、サージやギャバジンなど滑らかな梳毛織物が加わり、ウール製品はさらに多彩になっていきました。

第8話

冬にも夏にも万能選手

天然の吸湿・発熱？

羊の毛であるウールは天然繊維の中でも、動物繊維と呼びます。植物繊維の綿や麻と、どんな違いがあるのでしょう？

まず、保温性に優れています。麻や綿しかなかった昔、欧州に温かな羊の糸が登場したときは、まさに天からの贈り物だったことでしょう。羊の毛はまっすぐではなく、縮れていて（これをクリンプといいます）、約60％もの空気を含んでいるため、温かいのですね。この空気の層が断熱材のような役割を果たすので、夏も涼しいのが特徴です。冬のイメージが強いですが、日本のように真夏に湿度が高くなる地域でなければ、ほとんど一年中、身につけられる素材です。

さらに、吸湿・発散性の高さもウールの魅力です。汗を吸収すると、すぐに発散するので、快適に過ごせるのですね。吸湿性は繊維の中で最大。湿気を吸収すると、熱を発する性質もあるため、汗で体が冷えにくく、インナーやスポーツウエア、寝具に向く素材というわけです。

この「吸湿・発熱」という性質はもともと、どんな繊維も持っているのですが、その熱量が最も高いのがウールの特徴です。熱量は、綿の2倍以上といわれています。スポーツウエアの世界で、吸湿・発熱の機能をぐっと高めたアクリル系繊維が１９９０年代に開発され、市場にも定着しましたが、そのキャッチコピーの元祖は、天然のウールといえるでしょう。

燃えにくく、汚れが落ちやすい

思いがけない機能という点では、ウールは火が点きにくく、燃えにくい素材でもあります。これは、植物繊維と比べて特徴的で、うれしい機能ではないでしょうか。

当然、強い火に当たり続ければ燃えますが、火の元を取り除けば広がることなく自然に消えます。例えば、原料が原油である合繊と比べると、合繊は溶ける危険性もありますが、ウールの場合はそれがないので、やけどの心配も減ります。カーペットや子供服、シニア向けの服などに、おすすめしやすいポイントでもあるでしょう。

このように、ウールは優れた点の多い天然繊維です。ただ、洗濯による縮みには注意が必要です。ウールは、水の中でもんで洗うと、繊維が縮み、繊維と繊維が絡み合う性質があります。これがフェルト化で、その持ち味を生かした製品もあるわけですが、一般的な衣服には弱点の一つです。そのため、洗濯は温度が35度くらいのぬるま湯で、手早く押し洗いするのがよいでしょう。すすぎも押して済ませ、ニットなどの場合は、残った水の重さで伸びるのが怖いので、平干しします。

しかし、ウールの表皮は、撥水性の高いスケール（キューティクルなどともいう）で覆われ、

汚れも弾《はじ》くため、普通にウール製品を着ているだけなら、生地の表面しか汚れず、汚れが落ちやすいことも覚えておきたいですね。

第9話 生きとし生けるものの恵み

獣毛とは？

ウールは、優秀な衣料用の繊維です。原料となる羊は長い歴史の中で改良が続き、世界中に約3000種います。この羊以外の動物の毛を、一般に「獣毛《じゅうもう》」（animal fiber、animal wool）と呼んで、ウールと区別しています。素材の混率でも大事な指定用語は、「カシミヤ」「モヘア」「アルパカ」「キャメル」「アンゴラ」だけで、それ以外の毛は「毛」と表示します。

とくに有名なのが、カシミヤ（ｃａｓｈｍｅｒ）ですね。チベット原産とされるヤギの一種で、ヒマラヤ山麓の盆地、カシミール地方のショール（織物）から、原料の毛も同じ名で呼ばれるようになりました。今は中国、モンゴルなどで飼育されています。

このヤギは、体の表面に現れる太くて硬い毛と、その毛の根元に近いところの短くて柔らかい毛（それでも約4～9センチ）の2種類の毛からなっています。後者がカシミヤの原料で、春になると自然に抜け落ちる毛を梳《す》いて使います。1頭からわずかしか集められず、世界の生産量も1年に約1万5000トンで、ざっとウールの150分の1程度。昔から非常に希少で、ラグジュアリーな素材と位置づけられています。繊度《せんど》（繊維の太さ）は約14～19・5ミクロンで、ファインウールよりも細く、柔らかで滑らか。毛の色が白に近いほど高価で、グレーや茶、黒など、色や繊度でランク付けされて流通します。

丈夫さはウールの3倍

最近、トレンド素材に浮上しているモヘア(ｍｏｈａｉｒ)やアルパカ(ａｌｐａｃａ)も獣毛です。

モヘアはアンゴラヤギの毛で、ウールよりもかなり太く、独特のハリが特徴です。強い光沢や吸湿性という長所もあり、上等なサマースーツなどに使われてきました。名前は原産地とされるトルコの首都、アンカラに由来します。白くて滑らか、長い毛で、これに似ているために名づけられたのがアンゴラウサギの毛です。紛らわしいですが、モヘアはヤギの毛、アンゴラはウサギの毛です。

アルパカはラクダ(ｃａｍｅｌ)科の動物で、南米のペルーやボリビア、アルゼンチンなどの高地の特産です。約20ともいわれる豊富な色が持ち味で、淡いものほど高価です。光沢と滑らかさ、ウールの3倍という丈夫な点も見逃せません。ビキューナ、リャマ、ガナコなどの兄弟分もいます。

獣毛はアニマルウール（アニマルヘアともいう）を訳したものです。アニマルという言葉は印欧祖語で「風や空気」から「呼吸、息」を意味するようになった「アネ」が、ラテン語に入って派生したとされます。風から発展して、植物に対する動物の意味になり、「生命、生き物、魂」にまで拡大しました。アニマルは「生きとし生けるもの」を示すわけです。日本語の生き物も、「いき（呼吸、息）」からきていて、同じ発想なのですね。

天然繊維・動物繊維

絹

人間が自然界から得た最高級の素材、絹。
世界中に普及し、大切に扱われています。
その由来、特質を探ってみましょう。

素材いろいろ物語

第10話

門外不出の大発明、世界を魅了

テキスタイル見本市といえば……

10日ほど前、2016年春夏に向けたパリのテキスタイル見本市、プルミエール・ヴィジョン（PV）が閉幕しました。多くのファッション業界関係者に知られる見本市ですが、このPVが絹（シルク）と密接なかかわりがあることはご存じでしょうか。

PVが誕生したのは1974年。フランス第2の都市、リヨンの織・編物業者がテキスタイル産地の生き残りをかけてパリに出向いたのが始まりです。今は日本を含めて世界各国からさまざまなジャンルの出展社が集まり、４万人ものバイヤーが訪れる見本市ですが、最初はリヨン産地15社だけのスタートでした。

テキスタイルを基幹産業として発展したリヨンですが、リヨンといえば絹織物です。その歴史は15世紀までさかのぼります。もともと、大きな川を生かした交易都市で、アジアの綿や絹織物を欧州域内に中継して栄えていました。

転機はルイ11世の治世。イタリアの絹織物の職人や商人たちをリヨンなどに積極的に呼び込み、南フランスで養蚕も奨励したとされています。理由は、フランスの王侯貴族にイタリア産の絹織物の人気が高く、他国から高いお金で買うばかりなのが気に入らなかったためとか。いずれにしても、このころから絹織物の技術が根づき、層を厚くして現代に続いてきました。誇り高きリヨンの織物業者は、自らを「カニュ」（ｃｎｕｔ、絹織職人）と呼びます。

仏教伝来以前から

優雅で美しいシルクは昔から、人々の憧れの素材でした。ラグジュアリーブランドの高級スカーフや高価な和服に代表されるように、特別な天然繊維として知られています。ただ、この20年ほどで、カジュアルウエアなどにも随分と使われ、だいぶ身近になってきました。天然繊維で唯一の長繊維でもありますね。家庭用品品質表示法では「絹」「シルク」「ＳＩＬＫ」ともに使えます。

以前、麻にまつわる物語を見た際、「布帛」という言葉の中の「布」は麻織物、「帛」は絹織物を指すと確認しましたね。庶民は麻、貴族は絹と区分されたようです。日本に自生した苧麻や大麻に対して、絹は大変な貴重品として中国から渡ってきたからです。3世紀ごろには、日本でも生産が始まったと見られます。仏教の伝来が6世紀ですから、当時の海外からの最新技術がかなり早く浸透したことがうかがえます。衣食住の「衣」の彩りや厚みが増しながら、精神的な豊かさを求める素地も育まれていったのでしょうか。

絹の祖国は、中国です。紀元前2600年ごろ、長江流域に養蚕が始まったとされます。蚕（カイコガの幼虫）が繭を作る際に吐き出した糸を、再び繭から取り出して紡ぐ技術は、大発明といえる画期的なもの。その秘密はかなり長い間「門外不出」で、絹織物は重要な輸出品として世界に渡りました。

第11話

途切れることのない糸

織維の女王

絹（シルク）は古代中国で生まれ、かなり長い間、外国から富をもたらす貴重な交易品でしたね。その技術は、長い年月を経て世界中に広がりました。比較的早く伝わった日本をはじめ、イタリアやフランスに代表される欧州、タイやベトナムなどアジア、南米のブラジルまで、絹が根づいた地域は、まさに地球規模です。

ただ、現在の世界の絹の需要は14万トン弱まで減り、生産量も少なくなりました。全繊維の需要がざっと8000万トン、綿が2400万トン、リネン（亜麻）が31万トンほどといわれますから、希少性がわかりますね。では、「繊維の女王」とも呼ばれ、ピラミッドの頂点に位置する絹の価値は、どこからくるのでしょうか？

まず、蚕は2昼夜休まず、細い繊維を吐き出し続け、繭を作り上げます。ここでわかるのが、繭は1本の糸でできているということです。切れ目がなく、長い天然繊維は、絹のほかにはありません。1200～1500メートルもの糸が繭を形作るのです。綿やウール、麻の物語で見てきたように、それぞれ素材は異なっても、ほかの天然繊維は短い繊維を紡いで糸にします。絹だけが長繊維（filament、フィラメント）。唯一の存在で、ほかは短繊維（staple fiber、ステープル）なので、それを紡績糸（spun yarn、スパン）にして使うというわけです。

家蚕と野蚕

蚕も種類が豊富です。大きく、「家蚕」と「野蚕」に分けられます。家蚕は、文字の通り、人の手で飼い慣らされた蚕。桑の葉を食べて成長します。長い歴史の中で改良されてきた品種で、世界の生産量の大半を占めます。絹や生糸といえば、家蚕。英語でも、「true silk」「cultivated silk」「mulberry silk」など多様ないい方があります。

蚕は1頭、2頭と数えます。家蚕の繭の中に1頭いるのが「普通蚕」、2頭いるものを「玉繭」といいます。2頭がそれぞれに糸を吐き出して繭を作るため、この繭から採れる繊維は少しもつれていて、コブのような節がある糸になります。これは「玉糸」

「節絹《ふしぎぬ》」などと呼ばれ、この糸を緯《よこ》糸に使う織物が、シャンタン（ｓｈａｎｔｕｎｇ）です。

野蚕（ｗｉｌｄｓｉｌｋ）は、まさに野生の蚕です。自然の中で生きる蚕を探して使います。代表的な品種が、「天蚕《てんさん》」「作蚕《さくさん》」です。

天蚕は山繭絹ともいい、クヌギやコナラの葉を食べます。透き通る黄緑色の美しい糸を出し、価格は通常の繭の20倍ほど。「絹のダイヤモンド」と呼ばれ、日本や韓国で産出されます。

作蚕は中国やインドが主産地。「タッサー（ｔｕｓｓａｈ）」ともいい、家蚕に次ぐ絹原料です。繭をはがして短繊維にしてから紡いで糸にします。

第12話

暮らしになじみ、五感に訴える

一番細いフィブロイン

昨年（2014年）、富岡製糸場（群馬県）が世界文化遺産に登録されましたね。日本は古くから近代まで絹（シルク）の生産に長け、消費地としても世界有数です。絹にまつわる言葉や表現が豊かな国でもあります。

例えば、絹糸の太さを表す際、「21中《なか》」「27中」などといいます。普通繭（家蚕）は、だいたい3デニール前後の糸からなっていますが、1本だと繊維としての強さが足りないので、何粒かの繭から糸を繰《く》っていきます。7粒使うと、3×7で21デニールの生糸になり、9粒なら27デニールになります。ただ、生き物の作るものですから、長い糸全体が均一の太さにはなり得ませんよね。それで、だいたい21デニール前後という意味合いで「21中」、27デニール前後を「27中」と呼ぶわけです。

よく聞く「精練」も、絹に欠かせない工程を指す言葉です。蚕が吐き出す糸は、硬い表面のセリシン（sericin）と、内側にある2本のフィブロイン（fibroin）とで構成されており、セリシンを取り除く作業が精練（scouring）です。精練によって、絹は銀のような白色と、半透明で美しい光沢を得るのです。しかも、フィブロイン1本は約1デニールと、天然繊維で一番の細さ。これが柔らかさの源です。

加えて、フィブロインの断面は丸みのある三角形のため、光が乱反射するプリズム効果から優雅な光沢を放ちます。これらが「繊維の女王」たるゆえんといえるでしょう。

永遠のあこがれ

上品な艶や発色の良さ、弾力のある肌触りなど美点の多い絹ですが、絹織物が擦れ合う音を「絹鳴り」といいます。これは日本人だけが聞き分けた音ではないようで、英語でも「ｓｃｒｏｏｐ」と表現します。絹鳴りのさらにかすかな音が「衣（絹）擦れ」とされます。洋の東西を問わず、絹は聴覚でも、あこがれの的として存在したのですね。

実は、現代的な機能性も多い素材でもあります。一つが、吸湿性の高さです。綿の1・3〜1・5倍の吸湿性があり、発散性もあるので、快適に過ごせます。静電気も起こしにくく、保温性もあるため、インナーウエアなどにもぴったりです。

絹は日に当たると変色し、強度も落ちるため、洗濯後は日陰干しがよいのですが、紫外線を吸収し、日焼けから肌を守ってくれる力があります。アラブの国々やインドなどで愛用されてきたのも、うなずけますね。平安貴族を彩り、ベルサイユ宮殿も飾った絹は、これからもさまざまな物語を織り成していくでしょう。

再生繊維

レーヨン

美しい絹を人工的に作ることができたら……。
強いあこがれから発明されたレーヨン。
数奇な運命をたどり、やがて日本へ。

素材いろいろ物語

第13話 人工の絹糸、光線のように登場？

シャルドンネ伯爵の一歩

世界中があこがれた絹（シルク）を、人工的に作り出したいと考える人々が現れます。人造絹糸（人絹《じんけんし》）の登場です。

1891年、人絹糸を発明したのは、フランスのシャルドンネ伯爵です。製法は「消化綿」法といい、数年後に特許も取得しますが、引火しやすいなどの難点から普及はしませんでした。

しかし、この糸の改良版として「銅アンモニウム」法がドイツで、また現在まで広く浸透した「ビスコース」法が英国で工業化されました。シャルドンネ伯爵の一歩が、人絹糸の道を拓いたわけです。

このうち、ビスコース（ｖｉｓｃｏｓｅ）法で作られる糸を、レーヨン（ｒａｙｏｎ）といいます。原料はセルロースが主成分のパルプ（木材）。これをカセイソーダで処理し、二硫化炭素を反応させてさらにカセイソーダで処理すると、ドロドロした原液ができます。これがビスコースです。トコロテンでも作るようなイメージで、口金から酸性浴中に押し出して、糸にします。糸が長いままならレーヨン長繊維、カットすればレーヨン短繊維（スフ）です。

日本は１９１６年に生産を開始、37年には世界一の生産国、輸出国にもなりました。現在は長繊維を生産する会社はありません。しかし、東レや帝人の旧社名が、それぞれ東洋レーヨン、帝国人造絹絲であることも、日本の繊維の歴史を物語っているようですね。

レーヨンは「光線」から

発明された当初、人絹糸は「ａｒｔｉｆｉｃｉａｌ ｓｉｌｋ」と呼ばれていたのですが、20世紀に入り、単なる絹の模造品ではないということで、米国で名称が募集されました。発明王のエジソンが、生糸を「ｗａｒｍ ｓｉｌｋ（ワームシルク、虫の絹）」、人絹糸を「ｐｌａｎｔ ｓｉｌｋ（プラントシルク、樹木の絹）」と主張したという話も残っています。最終的に、レーヨンが覚えやすく、響きも好ましいとされ、１９２４年ごろから使われ始めました。

このレーヨンは、フランス語の光線（放射線状の光）を意味するｒａｙｏｎ（レイオン）からきたようですが、新しい糸であるレーヨンを指すフランス語はレイオヌ（ｒａｙｏｎｅ）で、１９３０年に英語から逆輸入されました。

日本ではＪＩＳ（日本工業規格）で、ビスコース法によって作られたセルロースのみをビスコースレーヨン、またはレーヨンと呼んでいます。ただ、隆盛を誇ったレーヨン長繊維も合成繊維などとの競合の中で生産が終わりました。

一方で、銅アンモニウム法によるセルロース繊維（ｃｕｐｒａｍｍｏｎｉｕｍ ｒａｙｏｎ）は、品質表示法により、キュプラ（ｃｕｐｒａ）と規定されています。原料はコットンリンター（綿実に付いている細かな繊維）で、これを銅アンモニウム溶液で溶

解して紡糸していきます。日本には1928年、当時の旭絹織（現旭化成）が導入、高級裏地などで市場に浸透し、商標の「ベンベルグ」は今も広く知られています。

再生繊維

セルロース

レーヨン誕生から１００年。
新たな素材としてリヨセルが開発されます。
セルロースからできた、エコで省エネな素材です。

素材いろいろ物語

第14話　爽やかな小部屋の仲間がいっぱい

草木から作る爽やかさ

前回見たレーヨンやキュプラは、天然の繊維素を溶かして人工的に糸の形にした再生繊維（regenerate fiber）と呼びます。再生繊維としてはほかに、ぐっと新しい精製セルロース繊維（purified cellulosic fiber）があります。古い事典などには載っていない素材ですが、最近のファッションアイテムにもよく使われている「リヨセル」

や「テンセル」のことです。

リヨセルの基礎技術は1978年、オランダで開発され、80年代に入って英国とオーストリアで工業生産が始まりました。原料は基本的にレーヨンと同じ木材パルプです。

シャルドンネ伯爵の最初の一歩から見ると、ほぼ100年後に登場した新素材ということになりますね。しかし、原料が一緒なのに、レーヨンとは何が異なるのでしょうか？　それは、製造方法です。

レーヨンはパルプを化学的に変化させて、どろどろの原液を作り、ところてんを作るように糸の形にしていくのでしたね。これがビスコース法でした。これに対してリヨセルは、有機溶剤は使うのですが、それ以外に化学薬品を使いません。パルプを直接に溶解してセルロースの状態のまま原液として、糸にしていきます（直接溶解法）。セルロース分子の切断が少ないため、主成分である植物のセルロースの性質が、リヨセルのほうがレーヨンよりもよく現れます。爽やかさはもちろん、セルロース本来の性質から、レーヨンよりずっと強度が出ます。ハリ・コシもあって、縮みにくいのが長所です。

古くて新しいセルロース

この製法は、溶剤も紡糸する際に回収し、再利用できることも特徴です。環境問題に課題のあったビスコース法に比べ、エコロジカルで省エネ型といえるものです。多くの繊維があふれるなか、21世紀を前に開発され、苦労しながらも市場に受け入れられてきた背景には、製法を含めた成り立ちに対する共感もあるかもしれません。

この精製セルロースの欧州での一般名がリヨセルです。テンセルは現在、レンチング社の商標です。日本の家庭用品品質表示法では、「指定外繊維（リヨセル）」「指定外繊維（テンセル®）」が認められています。

ここまで見てきたセルロース繊維（ｃｅｌｌｕｌｏｕｓｅ　ｆｉｂｅｒ）は、ラテン語の「セルルウラ（ｃｅｌｌｕｌａ）」からきているといわれます。その意味は「小さい部屋→細胞」ということで、ここでは植物などの「繊維素」を表します。

天然繊維の中には、絹やウールなどの動物繊維と、綿や麻などの植物繊維がありましたね。植物繊維はまさにセルロース繊維であり、再生繊維はその仲間ということになります。このほかに、セルロースやタンパク質

などを元に、ほかの化学物質を結合させる半合成繊維（semi-synthetic fiber）のアセテートもセルロース繊維です。

合成繊維

ナイロン

絹よりも細く、強く、そして安価。
ストッキングの素材として知られるナイロンは、
初めて作られた合成繊維です。

素材いろいろ物語

第15話 「石炭と水と空気」が繊維に

高分子からナイロン

人造の絹糸としてレーヨンが広がり始め、今度はさらに人工的な糸を作り上げたいと考える人々が現れます。そのポイントになったのが、高分子です。

高分子は分子量が1万以上の大きい分子のことですが、少し難しく感じますね。しかし、前回まで見てきたセルロースも、もともと自然界に存在する高分子です。綿やレーヨン、半合成繊維のアセテートまで、どれもがセルロースを原料としていましたね。セルロースは天然の「繊維素」として非常に有用だったわけですが、もっと高性能の糸状の分子を化学的に作ろうという研究が、1920年代に盛んになりました。

こうした中で、初めて高分子を合成した糸を開発したのが、米国のウォーレス・カローザス（1896〜1937年）です。大学で教鞭も執っていたカローザスは、米国の化学メーカー、デュポン社に迎えられて研究所の研究部長になりました。最初、人工的にゴムを作る方法を発見し、1935年、ついにナイロン（nylon）の合成に成功します。その後、デュポン社がナイロンを工業生産していきました。これは「石炭と水と空気」で作られた糸として打ち出され、人々を驚かせました。それまで、天然のセルロースから出発していない糸など想像できなかったからです。しかも、皆が憧れた絹よりも細く、強く、安いため、世界に広まりました。

ナイロンは、ポリアミド繊維(polyamide fiber)ともいいます。これは、前述の石炭、水、空気の分子がアミド結合(CONH)によって合成されるためです。今も、欧州などでは、ナイロンよりも「ポリアミド」と呼ぶことが多いようです。

伝線しないストッキング

ナイロンの語源は、主要な用途をストッキングと想定したところから始まります。長靴下であるストッキングは当時、絹製の高級品だったわけですが、いわゆる伝線して編み地が破れる「ラン(run、走る)」が起きにくいということで、「ノーラン(no-run)」と名づけられました。しかし、結構、ランしてしまうので「nuron」「nillon」なども試された結果、語呂やスペルなどから「ｎｙｌｏｎ」に決まったという話が残っています。それでも、デュポン社は商標登録しなかったため、ナイロンは一般名として定着していったようです。１９４０年に販売されたナイロンのストッキングは、４日間で５００万足を完売したとか。この成功を機に、世界中で高分子化合物の研究が活発化、生産も広がっていきました。ちなみに、現在の原料は「石炭」は使わず、「石油」なので念のため。

ナイロンは絹や羊毛とよく似た化学構造で、親水性のアミド結合を持つため、水になじみにくい合成繊維の中では吸湿性に特徴があります。柔らかさもあるため、ランジェリーなど下着からスポーツウエアなどまで幅広く使われていますね。

第16話 ロクとロクロクって何？

「C」の数

ナイロンは人類史上初めての合成繊維です。その生産が世界に広がり、現在もさまざまな衣料に使われながら進化していることを見ましたね。ナイロンが強さと柔らかさを持ち、染まりやすいなどの長所を発揮できる分野の一つが、衣料だからです。

さらに、ナイロンの強さや軽さなどを生かし、いわゆる産業資材の分野にも、よく使われています。例えば、タイヤコード、ロープ、ホースがそうですし、ボリュームのあるカーペットや歯ブラシの毛、釣り糸であるテグスのほか、ナイロンならではの製品が世界中にたくさんあります。

私たちの暮らしに身近なナイロンですが、「ナイロン６（ロク）」と「ナイロン６６（ロクロク）」といった呼び方をするのを、聞いたことがありますか？　この響きの良い音は、炭素（Ｃ）の数を指しています。炭素というのは、ナイロンの原料である石油(カローザスが開発したころは石炭）の中にあります。

ナイロンは原料の分子がアミド結合（ＣＯＮＨ）して線状に連なっていくのでしたね。この際、６と６６では、少し原料が異なります。ナイロン６のほうは1種類の原料(カプロラクタム)で炭素が６個、ナイロン６６のほうは2種類の原料（アジピン酸、ヘキサメチレンジアミン）の中にそれぞれ６個ずつ含まれているので６６といいます。

この理屈で、ナイロン6・10（ロク・ジュウ）とか、ナイロン6・11（ロク・ジュウイチ）というものもありますが、一般的にはナイロンといえば66か6のことです。舌をかみそうな名前の原料は、石化原料の一つで相場が立つ商品でもあります。世界で取引されているので、景気などを反映して価格が変動し、ニュースになることもありますから、注意してみると、思いがけないことがより身近に感じられるかもしれません。

衣にはロク

では、原料の違いからくるナイロン6と66の違いは、どんなところでしょうか？　まず、ナイロン66のほうが耐熱性や強度が少し高いため、産業資材などに向き、世界的な生産でも66のほうが優勢です。一方、ナイロン6は、より衣料用に適しているといってよいでしょう。実は、これを開発したのが、日本の東レです。世界にはデュポン社の６６の技術が広まったのですが、日本に限ってみれば、オリジナルといえる６の生産量のほうがずっと多いという特徴があります。

ナイロンは絹の靴下（ストッキング）を代替するものとして登場しましたが、今は絹のような長繊維（フィラメント）だけでなく、短繊維（ステープル、スパン）も生産されています。

こちらはウールや綿、レーヨン短繊維などと混紡して、ほかの繊維の強度を補うことが多いです。スノーボードウエアなどハードな環境下で着る衣料にもよく使われています。

合成繊維

アクリル

短繊維の代表格、アクリル。
メーカーの独自性を出しやすい繊維とされ、
その昔は「先進国型」の繊維などとも呼ばれました。

素材いろいろ物語

第17話

レシピに加える隠し味？

レシピが腕の見せ所

ナイロンは絹糸のような長繊維（フィラメント）の開発から始まり、全生産量の大半が長繊維でしたね。短繊維（ステープル、スパン）もありますが、全体から見れば10％程度です。逆に、大半が短繊維の合成繊維が、アクリル（ａｃｒｙｌ、ａｃｒｙｌｉｃ ｆｉｂｅｒ）です。ポリアクリロニトリル繊維と呼ぶこともあります。

アクリルは、ウール（羊毛）に最も似た合繊で、ニット製品に使う糸のほか、毛布が主な用途です。最近では、ユニクロの「ヒートテック」に代表される機能肌着のほか、長く細い毛足や柔らかさから、フェイクファー、ぬいぐるみなどにも、よく使われています。歴史的に見ると、ナイロンの発表前後に開発された合繊の一つで、1931年、独・IG社が紡糸に成功、50年に米・デュポン社が工業生産を始めて欧州にも広がっていきました。

主な原料は、アクリロニトリル（acrylonitrile）です。これは溶剤に溶けにくく、繊維にするには難しかったのですが、ほかの化学物質を結合させて、柔らかさや強さを高めて糸にできるようになりました。JIS（日本工業規格）では、このアクリロニトリルが重量比で85%以上のものを、アクリルとしています。この比率が85%未満、35%以上の合繊は、アクリル系繊維（modacrylic fiber、モダクリル繊維）

といい、アクリルと区分します。

アクリルは、アクリル系繊維を含めて、原料の配合などにメーカー独自の技を出しやすいといわれます。裏を返すと、「レシピ」通りに作っても、誰でも同じものができるというものではなく、難易度が高いわけですね。工業生産するための初期投資が大きいこともあり、「先進国型」の繊維と呼ばれたこともありました。2014年の統計では、世界で約200万トン生産され、日本の生産量もあまり減っておらず、14万トンでした。

三大合繊って？

ここまで見てきたナイロンとアクリルに、次から登場するポリエステル（polyester）を含め、「三大合繊」と呼んでいます。種類の多い合繊の中で、衣料に向き、ほかの用途にも幅広く使いやすく、生産量が飛び抜けて多いからです。同じく14年の統計では、全世界の合織の生産量は５６３４万トンですが、この三つで占める割合は、実に98%です。なかでも、拡大が続いているのがポリエステルで、全体の86%を占めています。

ちなみに、高分子を合成して作る合成繊維（ｓｙｎｔｈｅｔｉｃ ｆｉｂｅｒ）という言葉は、ナイロンが開発された１９３５年（昭和10年）ごろから日本でも学術的に使われていました。ただ、実際に日本で製品が普及したのは、それより20年くらいかかり、55年ごろからでした。レーヨンで出発した人造絹糸（人造繊維）や化学繊維と区別するために、使われたことがわかりますね。

合成繊維

ポリエステル

いろんなものに使えて、とっても便利。
その分、工夫もされて進化し続けてきた
めくるめくポリエステルの世界。

素材いろいろ物語

第18話

バランスの良い優等生

最も多いポリエステル

繊維の中で最も多いのが、合成繊維のポリエステル（ｐｏｌｙｅｓｔｅｒ）です。全世界の生産量は２０１４年も前年より増えて、４８７１万９０００トンでした。例えば、冬に欠かせないフリースからダウンウエア、ドレス、和服、スポーツウエア、カーテン、クッション（中の詰めわたも）など、身近にさまざまな製品があります。

なぜ、こんなにポリエステルが多いのでしょう？　ひと言で言えば、あらゆる科目で点数の高い優等生だからといえるでしょうか。作りやすく、扱いやすく、加工のバリエーションが広いうえに、出来上がった製品は丈夫です。衣料に最適なのは、ジャブジャブ洗えて、すぐに乾く点。ほとんどシワにもなりません。

さまざまな天然・合成繊維の長所をバランス良く持ち、あらゆる分野で使えます。汎用性に富み、それぞれの分野でいろいろな工夫が続けられた結果、どんどん進化した素材でもあります。

例えば、レディスウエア向けには最初、絹糸を目指して開発されました。絹糸の断面は丸みのある三角形でしたね。それに倣《なら》ったポリエステルから始まり、今では約1デニールの細さの絹糸の10分の1以下という極細繊維（ｍｉｃｒｏｆｉｂｅｒ、マイクロファイバー）まで開発されています。自然界にはない極細糸は、手触りや風合いでも、天然の絹と異なり、新たな領域に踏み込み、人間の未知の感覚を呼び覚ますようでもあります。

レシピは万国共通

進化が続くポリエステルの歴史を振り返ると、初めての合繊であるナイロンを開発したカローザスが、ナイロンの前に研究し、それを断念して、ナイロンを発明したといわれています。

ポリエステルの研究は英国のキャリコ・プリンターズ社が継続、１９４１年に基本特許を出願しています。同社と技術提携したインペリアル・ケミカル・インダストリー社（通称ＩＣＩ、英国）が54年、工業生産を開始しました。その後、日本もＩＣＩから技術を導入しました。東レと帝人が共同したもので、両社の商標を「テトロン」として生産・販売に入りました。

繊維用の原料は、ポリエチレンテレフタレート（ＰＥＴ）で、これを溶融して糸にします。このため、PET繊維と呼ばれることもあります。PETは、石油から作られるエチレングリコールとテレフタル酸（またはジメチルテレフタレート、DMT）を重合して作ります。この「レシピ」が万国共通で扱いやすく、広まったのですね。

寸法の安定性や耐熱性などにも優れるため、さまざまな繊維を補う機能性の高さも持ち味です。例えば、「TC」という言葉を聞いたことがあるでしょうか？　Tは前述のテトロンのことで、Cはコットンの綿です。複合生地を指しますが、多くはポリエステル65対綿35の割合です。これは長い間に導き出された「黄金比率」といわれています。

第19話

面白い弟分、さらに極めた仲間も

弟が多い合織

繊維の優等生で、さまざまな分野に適応する万能選手・ポリエステル（ＰＥＴ繊維）を見ました。扱いやすく、便利な合織の主役といえる存在でしたね。ポリエステルは、化学的にいうと、テレフタル酸を含む原料がエステル結合（ＯＣＯ）で連なった高分子です。テレフタル酸を使う点とエステル結合という点で、ポリエステルは弟が多い合織でもあります。

その代表に、ＰＢＴ繊維（ｐｏｌｙｂｕｔｙｌｅｎｅ　ｔｅｒｅｐｈｔｈａｌａｔｅ　ｆｉｂｅｒ、ポリブチレンテレフタレート）、ＰＴＴ繊維（ｐｏｌｙｔｒｉｍｅ　ｔｈｙｌｅｎｅ　ｔｅｒｅｐｈｔｈａｌａｔｅ、ポリトリメチレンテレフタレート）などがあります。ＰＴＴは比較的、新しい合繊の一つで、注目されているので、聞いたことがある方も多いでしょう。両者の共通点は、ストレッチ性にあります。ポリエステルがまさにオールラウンドプレーヤーであることと比べると、弟たちは一つの科目で特別な能力を発揮する頑張り屋さんとでもいえましょうか。

とくに、ＰＢＴは弾性の回復力に優れ、ストレッチ性のある長繊維として使われてきました。ＰＴＴは、プロパンジオールという原料の工業生産が確立されたことで生まれました。ナイロン６とポリエステルの中間的な性質で、いろいろな生地に応用でき、適度なストレッチ性を生かした使い方が広がっています。

スパンデックス登場

ストレッチ性でいえば、もっと有名な糸があります。それは、ポリウレタン繊維（ｐｏｌｙｕｒｅｔｈａｎｅ）です。ポリエステルの兄弟ではないですが、今の洋服になくてはならない合繊の一つです。

デニムパンツの品質表示などに、よく「綿95％・ポリウレタン5％」とありますね。ポリウレタンは、ほかの素材と組み合わせて使う点が特徴です。つまり、ポリウレタン１００％の生地はありません。すべて長繊維で、ポリウレタンを芯に、綿や複合したい素材を巻き付けた糸などにして使います。

別名を弾性繊維（ｅｌａｓｔｉｃ ｆｉｂｅｒ）、スパンデックス（ｓｐａｎｄｅｘ）といい、天然のゴムのように伸びる糸です。１９５８年、米・デュポン社が「ライクラ（ＬＹＣＲＡ）」として発表しました。使われる商品は当初、ガードルのような締め付けの強いファンデーションやスポーツ分野のニット製品が主力でした。現在では、前述のデニムパンツやシャツなど、織物でも厚地から薄地まで広がっています。リラックス感が欠かせない時代だからですね。

　ライクラはライクラバー（ｌｉｋｅ ｒｕｂｂｅｒ、ゴム風）の意味の商標ですが、欧米では品質表示に使えるほどに一般化しています。ちなみに、スパンデックスは、英語で「広げて伸ばす」を意味するｅｘｐａｎｄをもじった造語。開発当初のポリウレタン弾性糸への期待がうかがえますね。

得意種目で
がんばる
弟たち
PTT
PBT
1
2
伸びてるなー

糸

繊維を撚る

何本もの細い繊維を束ね、
1本の糸は作られています。
それを可能にしているのが「撚り」です。

素材いろいろ物語

第20話

目に見える一番細い単位から

糸って何?

天然繊維から合成繊維まで、さまざまな繊維の原料を見てきました。私たちの着る服からは最も遠いところでしたが、そこから少し服に近づくと、糸になります。今回からは、糸の話をしましょう。小さな点が集まって線になり、それが面に変わり、立体的な形(服)を作っていくと考えると、長い道のりの第2段階に入ります。

では、糸とは何でしょう。広辞苑には「繭・綿・麻・毛などの繊維を細く長くひきのばして、よりをかけたもの。生糸。細く長くて糸のような線状のもの」などとあります。

これまで見てきた繭や綿などの原料を細く、長く引き揃えて伸ばすイメージは、わかりやすいですね。大事な特徴は、撚りをかけないと、糸は使えないという点です。何本もの細い繊維の束がほぐれずに、しっかりとした線状の形を維持し、丈夫に機能するためには、ねじり合わせる「撚《よ》り」が欠かせないからです。服から抜け落ちた糸やニット用の糸、自宅にある縫い糸など、どんな糸でも、よく見ると2本以上の糸が撚り合わされていることがわかります。

糸は本来、「絲」と書きます。絲とは、糸をよじった形を表していて、繭から採った糸に「撚りをかけたもの」。つまり「生糸、絹糸」を示していましたが、絹に限らずに、すべての「撚り糸」

などの糸の総称になっていきました。

細い細い単位

絹糸を生み出したのは、古代の中国でしたね。蚕が口から出す細い糸は、肉眼で判別できる最も細いものとも考えられ、一つの単位ともなりました。蚕が出す1本の糸が「忽《こつ》」です。忽が5本で糸、忽が10本で絲でした。繭1粒の糸だけでは強さが足りないので、何粒かの繭から糸を繰っていくことは、以前にも見ましたね。忽という言葉を知った後で考えると、5粒の繭から糸を引いて束ね、それを2本撚り合わせて絲にするという法則まで、文字が表わしていることがわかりますね。

ちなみに、音読みでは、糸は「べき」、絲が「し」です。忽の5倍が「べき」、10倍が「し」ということになりますが、日本は絲を廃字として「糸」だけになってしまったので、「糸」は音読みで「し」、訓読みで「いと」になっています。つまり、忽の10倍の単位を表す「し」は「糸」として表します。少しややこしいことになっていますが、忽は「糸（し）」の10分の1と覚えておくとよいでしょう。

現在のファッション業界でもよく使われる言葉に、「双糸《そうし》」があります。単糸（1本の糸）を2本撚り合わせた糸のことです。

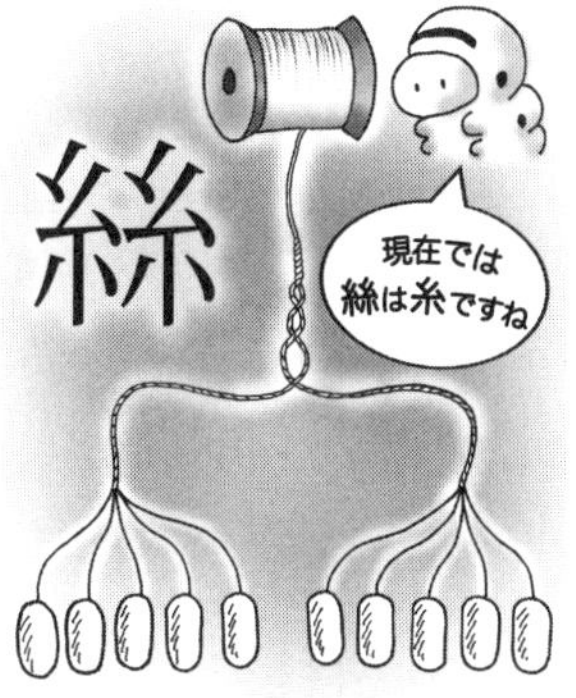

糸を織物にするには織機にかけますが、単糸はどうしても強度が落ちるので、使い勝手の良い双糸が広く流通しているわけです。古代の「糸と絲」の関係をそのまま示しているようですね。

第21話

トレンドも物作りもヤーンから?

ヤーンとスレッド

前回は糸と絲の関係を見ました。今回は、ファッションビジネス(FB)業界でよく使うヤーン(yarn)について探っていきましょう。

英語で糸といえば、代表的なものにヤーンとスレッド(thread)があります。違いは、ヤーンが織物や編物にするための糸であるのに対し、スレッドは主に縫い糸を指すことです。

私たちは今、服になるまでの素材をテーマにしていますので、ヤーンが主役になります。

服の大部分を占める生地（テキスタイル）があり、その生地を作り上げていくのが、ヤーンという糸であるという構図ですね。そのため、FB業界では、頻繁にヤーンという言葉が使われるわけです。ヤーンと同じ意味の言葉は、イタリア語ではフィーロ（filo）、フランス語ではフィル（fil）、スペイン語ではイロ（hilo）、ドイツ語ではファーデン（Faden）などといいますので、見聞きする機会も多いのではないでしょうか。

いわゆる素材を構成するヤーンに対し、縫い糸などを指すスレッドは、副資材の一つとして区分されています。流通する形態や経路、生産の現場が異なることを表しているようでもありますね。ミシン用の糸は相当な強度を求められ、原糸メーカーでは産業資材の部門が扱います。フェミニンなテキスタイル用の糸とは作り方も違うのですね。

腸や腱と兄弟？

ヤーンがファッション素材であることを象徴するのが、国際的な見本市です。消費者が身につけるシーズンの1年前に、糸からトレンドを提案し、物作りの打ち合わせに入ります。世界中から糸の買い手が集まり、さまざまな情報が交換され、1年後のFB業界を占う幕開けとなり、年に2回行われます。

代表的な見本市が、イタリアのフィーロやピッティ・フィラーティ、フランスのエクスポフィルです。フィーロは織物用の糸が中心で、後ろの二つはニット用の糸を主力にしています。いずれもピーク時と比べれば出展企業が減ってはきましたが、世界への発信を続けています。また、中国などでも大規模な見本市が来場者を多く集めるようになっています。

ちなみに、ヤーンの語源をさかのぼると、印欧祖語の「グエル（gher）＝腸」が古ゲルマン語を通って古英語時代に入ったものといわれます。兄弟語に、「ガット（gat）＝弦」や「ガッツ（gats）＝根性。原義は内臓、腸」があるように、もともと天然の産物である腸や腱などの長い糸状のものを指したようです。ただ、人間が作った糸の歴史は麻やウールなど短繊維だったので、単にヤーンというと「短繊維糸、紡績糸、スパンヤーン」を指すことが多いのです。このため、長繊維糸は「フィラメントヤーン、テクスチャードヤーン」などと呼ばれています。

短繊維の紡ぎ糸

紡績糸

短い繊維を引き伸ばし、撚りをかけて糸に。
紡績糸を作るために、原料に応じて
機械も開発され「紡ぐ」技術は進化を遂げました。

素材いろいろ物語

第22話

わたから積み重ねる努力の象徴

糸を紡ぐ

前回は生地（テキスタイル）を形づくる糸・ヤーン（ｙａｒｎ）に触れました。人間が作った糸の歴史の始まりには、麻やウールなど短繊維糸しかなかったので、今も単にヤーンといえば、短繊維糸（ｓｐｕｎ ｙａｒｎ、スパンヤーン、紡績糸）を指す場合が多いことも確認しましたね。

今回は、紡績糸に焦点を当ててみましょう。綿やウールなど、長さが数センチほどの短い繊維を、平行に配列して、ある程度の太さで引き伸ばし、撚りをかけて糸にしていくことを、紡績（spinning)といいます。その結果、できた糸が、紡績糸です。

以上の工程をいくつか見てみます。もともと原料の段階では、天然の繊維は均一に整ってはいない、柔らかな塊。そのため、まず繊維をほぐし、平行にする作業が重要になります。これをカードディング（carding、梳綿《そめん》）といいます。これに使う機械がカード（carding engine、carding machine、梳綿機、梳毛機）です。

平行状態に並べられた繊維は、太いひものような形になります。これをスライバー（sliver）といい、このスライバーを何本か合わせては引き伸ばす作業を繰り返し、太さを均一にしていきます。ある程度の細さになった状態で、ちぎれるのを防ぐために、甘く撚りをかけたものをロービング（roving）

といいます。さらに目的の細さにして、撚りをかけて糸にしていきます。

ちなみに、日本語の篠《しの》は今、ロービングを指すのが一般的ですが、古くはスライバーの状態のことでした。いずれにしても、糸になるまでの中間製品にすてきな名前があるのですね。

こうした原理は変わりませんが、原料の性質に合わせ、綿紡績、リネンやラミーの麻紡績、ウールやカシミヤの梳毛紡績・紡毛紡績、絹紡績、化合繊紡績など、異なる機械があり、それらの混紡もあります。古くからの糸作りですが、今ではさまざまな革新紡績も開発されています。

積み重ねる努力

「紡ぐ」という文字をさかのぼると、偏《へん》は糸で、「撚った糸」を

示すのでしたね。つくりの「方」は、「刀、鋤《すき》、櫛《くし》」のようなものを表すとされます。「櫛削る」「梳《す》く」ことで糸にする道具や動作を指したわけです。つまり、繊維の束から糸を作る意味そのものですね。「績」のつくりの「責」は本来、「請求される金銭」「債権、責務」で、そこから「積み重ねる、集積する」意味になり、「繊維をたくさん積み重ねる」ことになりました。「1本1本の繊維を積み重ねて糸にする」ことが、紡績なのですね。

繊維を積み重ね、「紡ぐ」ことは、何段階にもわたる努力の積み重ねです。そこから業績、功績、成績などの言葉にもつながっていると考えると、「糸偏」の世界の深さと奥行きが感じられるようでもありますね。

第23話

目と肌でつかむ異なる世界

異なる風合い

紡績糸（ｓｐｕｎ ｙａｒｎ、スパンヤーン）は、「梳く」作業を繰り返して作るのでしたね。出来上がった糸の特徴は一般的に、表面に少し毛羽があって、柔らかくて、膨らみがあることです。

この糸で作られた生地（テキスタイル）も、柔らかく、膨らみがあって、肌に触れると温かいということで、ほぼ共通しています。私たちの目や肌で感じる、こうした生地の風合いは、「スパン調」「スパンタッチ」などという言葉で、よく表現されます。後にまた触れますが、Tシャツやジーンズ、ツイードジャケットなど、一見、何のつながりもなさそうなものですが、「スパンタッチを得られる服」「紡績糸らしい特徴を持つ服」という点では、共通項があります。大きくくくれば、一つのグループといえるわけですね。

紡績糸は、太さを表す単位が素材によって違います。単位は「番手」。数値が大きいほど細くなる点は一緒なのですが、素材の種類が異なれば太さも異なるので、見てみましょう。

綿番手は、綿糸、スフ糸（レーヨン短繊維糸）、絹紡糸《けんぼうし》、綿紡績方式で作ったポリエステル紡績糸などに使われます。英式番手ともいい、1ポンド（453・6グラム）の繊維を、840ヤード（768・1メートル）の長さにしたときの糸の太さが、1番手です。同じ重さで、長さが2倍なら2番手。長さが1番手の何倍になるかで、数値が増えて細くなるのは、毛も麻も同じです。

ウールの毛番手は、梳毛糸、紡毛糸の両方のほか、アクリル紡績糸など毛紡績方式で作った糸にも使われます。1キログラムの繊維で、1キロメートルの長さにしたときの糸の太さが、1番手です。麻番手は、麻糸、麻紡績方式で作った糸に使い、1ポンドの繊維で、300ヤード（274・3メートル）の長さにしたときの糸が、1番手です。

一筋縄ではいかない番手

最近、細くて高級な糸を指して「100番単糸を使ったストール」などといいますが、綿か麻か、ウールなのかで実際の太さが異なる点に注意したいですね。

このように、番手は紡績糸の流通の際だけでなく、生地の特徴をつかまえるときにも大事な要素です。糸の太さで適した生地も、風合いも異なってくるからです。素材ごとに違い、ややこしいですが、だいたいの目安となる糸の太さ、それによる織物を覚えて感覚的につかむのが、よさそうです。また、番手の「手」を省略する「48番双糸」などの呼び方も一般的です。

手に温かみと柔らかさを残す紡績糸。対照的なのが、長繊維糸（filament、フィラメント）です。絹や合繊の長繊維は、ごく細い糸を何本も束ねて、衣服に使える糸にします。糸に毛羽がなくて滑らかで、光沢があり、サラッとした触感が特徴です。これが、「フィラメントタッチ」「フィラメント調」です。次回はその世界に入ります。

長い単繊維からなる

長繊維糸

まさに長い繊維から作る糸です。
天然繊維、合成繊維からも作られ、
さまざまな感触や風合いを醸し出します。

第24話
マルチな糸は変幻自在？

しなやかで、強く、クール

長繊維糸（filament、フィラメント）は絹（シルク）のように切れ目がありません。このため、何段階にもわたる紡績糸のような生産の工程は不要です。

一般的には、ごく細い糸（単糸、単繊維）を何本も束ね、引き揃えて衣服に使えるマルチフィラメント（multifilament）という糸にします。アクセサリーや釣り用のテグスなどはモノフィラメント（ｍｏｎｏｆｉｌａｍｅｎｔ）で、単糸が太く、特別な用途に限られます。

合繊フィラメントが「マルチ」であるのは、絹が一粒の繭からの糸だけでは使えないのと同じ理由ですね。目に見えないくらいの単繊維が、しなやかさのもとになり、それが複数集まることによって、織機などに耐えられる強さが生まれるのですね。

糸の太さが均一で光沢があり、クールな印象の生地になります。フェミニンな雰囲気がトレンドになると、ぐっと増えるのが、フィラメントです。

最近は肩の力を抜いたリラックスした気分の中にも、「きれいめ」は欠かせない要素ですよね。例えば、人気のチュールは、部分的な切り替えのほか、丸ごとスカートにも使われるほどですが、これはもともと絹の高級品で、フィラメントタッチの一つです。

加工で変幻自在

合繊の長繊維は、前述のようなマルチフィラメントの風合いを基本に、さまざまな感触や膨らみなどが出せるのも特徴です。それは、麻のような爽やかさだったり、ウールのような膨らみや温かさだったりします。

もともとは、変化に乏しい合繊のマルチフィラメントに、こうした特殊な効果を与えた糸を、加工糸（ｔｅｘｔｕｒｅｄｙａｒｎ、テクスチャードヤーン）といい、かさ高加工糸（ｂｕｌｋｔｅｘｔｕｒｅｄｙａｒｎ）ということもあります。

加工糸と聞くと、かなり広範なイメージがありますが、糸・テキスタイルの世界では、合繊の長繊維糸に、かさ高性やストレッチ性などを与えた糸を特定しています。その歴史は、昭和30年代に誕生した「ウーリーナイロン」から始まりました。

ナイロンやポリエステルなどの合繊には、プリーツなどの「ある形」を熱でセットすると、それを持続する性質があります。これは熱可塑性《ねつかそせい》といい、それを利用してウールのようなランダムな縮れや膨らみを持たせた後、熱でセットして加工糸に仕上げるわけです。

形をつける方法にはさまざまありますが、日本では仮撚り法という製法が一般的なので、かさ高加工糸は仮撚り加工糸とも呼ばれます。

第25話　取引の単位は銀貨に由来

「10」からデニールへ

長繊維糸の太さ（繊度）は、デニール（denier）という単位で表すのが一般的です。

これは、恒長式《こうちょう》（fixed length system、フィクスド・レングス・システム）といい、基準の長さを450メートルとして、そのときに0・05グラムの糸を1デニールと呼んでいます。同じ長さで2倍の0・1グラムになると、2デニールです。つまり、デニールは数値が大きいほど、太い糸になります。これは、綿やウールなど紡績糸の「番手」とは反対ですね。

デニールの語源をたどると、ラテン語の「10」を表す「デケム、decem」に行き着きます。デケムは英語の「ten、テン」で、ギリシャ語の「déca、デカ」に当たります。10個、10枚などを表す単位で、現在もストッキングなどの製造・販売で使う「デカ」は、ここからきています。

ラテン語のデケムから、「10ずつ」を表す「デーニー、deni」という言葉が生まれ、紀元前3世紀頃からローマで使われた銀貨が「dēnārius、デーナーリウス」と呼ばれました。その後ローマの勢力が広まったことで、当時、西欧で最も広く流通した銀貨でした。この銀貨が唯一の長繊維糸だった絹糸の太さを表すようになっていく様子を、ちょっと見てみましょう。

標準化までの長い道

世界的に高価な交易品だった絹ですが、天然の糸で、流通する各地で微妙な差異もあり、「ミラノ繊度」や「リヨン繊度」などさまざまな基準がありました。

世界で共通した基準がなかったわけですが、19世紀も半ばを過ぎた1866年、フランスでは法律で、絹の繊度をドゥニエ（denier）と決めました。ドゥニエは、フランスで8世紀から18世紀まで使われていた銀貨で、先のデーナーリウスから名づけられたものでした。これが英語のデニア、日本語のデニールになっていきました。ちなみに、イタリア語のデニールも、通貨を表すdenaro（デナーロ）です。紀元前からの歴史とつながっているようで、興味深いですね。

さて、絹の太さとしてのドゥニエは、長さ400オーヌ（a

une、約500メートル）につき、1グレイン（grain、0・053グラム）と決定しました。ただ、これでもなかなか各地で一致しません。1873（明治6）年オーストリアのウィーンで繊度会議が催され、長さ500メートル、重さ0・05グラムを1デニールとする確認をしましたが、それでも実行できず、1900（明治33）年、パリ万国繊度会議で、450メートル×0・05グラムという現在の基準に改定され、落ち着いてきたという経緯があります。

その後、長繊維糸や紡績糸など、種類ごとに異なる基準のわずらわしさから、1000メートルのときに1グラムの糸の太さを1テックスとする単位が生まれました。

ただ、デニールと大きく隔たる難点から、化合繊の業界では1万メートルのときに1グラムの糸の太さを基準とするデシテックスが採用されています。

変化に富む糸

糸さまざま

生地の用途や服としての表現に応じて
さまざまな糸が使われます。
組織、形状、意匠……糸だけで存在感があったりも。

素材いろいろ物語

第26話 ミクロの糸も金銀糸も得意技

極細、異型断面、複合も

今回はさまざまな「糸」を見ていきましょう。

例えば、極細繊維（ｍｉｃｒｏｆｉｂｅｒ）。主にポリエステルなど合繊の長繊維に使う言葉ですが、実は明確な定義はありません。精練後の絹が天然繊維で最も細く、約1デニール（1・11デシテックス）なので、それより細い糸を指すのが一般的です。日本の技術は高く、絹の１０００分の1以下のミクロ単位の糸も開発、人工皮革や微起毛調のレディス織物などに使われています。

次に、異型断面糸です。通常、化学繊維の断面は丸。この麺類を押し出すような紡糸口の形が、三角だったり、星型だったりすると、異型断面糸と呼ばれます。天然の絹の断面は、丸みのある三角形でしたね。それが独特の光沢や「きしみ」を生み出すように、絹を目指して発達した合繊長繊維も断面をさまざまに変えて、しなやかな風合いや触感、光沢の出し方を工夫しています。

複合繊維（ｃｏｎｊｕｇａｔｅ ｆｉｂｅｒ、コンジュゲートファイバー）は、２種類の異なる性質の原料を一度に紡糸した合繊糸です。収縮差の異なる原料の場合、熱処理されると糸がコイルのようによじれてバルキー性や伸縮性のある糸になります。これは天然の羊毛（ウール）が持つ特徴に着目して開発されました。

糸だけで存在感

意匠糸、ファンシーヤーン（ｆａｎｃｙ ｙａｒｎ）という言葉もよく聞きますね。これは、異なる糸を組み合わせたり、形状や色に変化を持たせたりした糸です。織物やニット製品になったときに面白い効果が出るため、人気があります。

紡績で作られるタイプには、糸のところどころに繊維の小さなコブがあるネップ糸、自然な膨らみのあるスラブ糸などがあります。撚糸の工程で作るものには、色の異なる糸を複数撚り合わせた杢糸《もくいと》、ところどころに大きめの輪があるループ糸（ｂｏｕｃｌé、ブークレ）などさまざまあります。

金銀糸、ラメ糸（ｌａｍｅ ｙａｒｎ）も人気のある糸ですね。昔から舞台衣裳などに多用されていました。糸としてはポリエステルフィルムにアルミを蒸着し、ごく細く切った糸や、綿などを芯にしてフィルム蒸着《じょうちゃく》糸を巻き付けたものを指します。日本は和紙に金箔や銀箔を漆で貼り合わせる技術に長け、高級な帯などに使われてきました。その技術は今も世界的に有名で、京都のラメ糸を使っている欧米ブランドが多数あります。

ちなみに、ラメはフランス語の甲冑《かっちゅう》などに着ける何枚も重ね合わせた小さな「金属板」を意味するラムからきていて、ラミネート（積層）などと兄弟語です。

経糸と緯糸が織りなす

織物

生地を作り出す1本1本の糸。
その糸を経・緯に交差させ、織り上げることで
生地の個性や機能などが生まれていきます。

素材いろいろ物語

第27話 神様も織物に心を込めて

糸が生む生地の7割が織物

いろいろな糸を見てきました。原料によって仲間分けしたり、繊維の長さで分けたりと、分類の方法もさまざまでしたが、改めて糸の役割について考えてみましょう。

糸を使って織物や編物を作っていくのでしたね。1本1本の糸が生地を構成するためになくてはならない存在です。生地を形作るだけでなく、糸は生地に表情を与えます。柔らかな毛羽が覆うような優しい雰囲気だったり、うっすらと透けて涼しい感じだったりという、生地の個性を生み出すのは、糸の大きな役割の一つです。

同時に、機能性を生地に持たせる役割も糸にはあります。生地を動きやすくするストレッチ性、吸汗・速乾などの性質を持たせることも可能です。生地の加工をしやすくする役割も果たします。

1本の糸がさまざまに働いて生地を作り上げ、衣服になっていくということですね。その働きは大昔から変わりませんが、日々工夫する人がいて、時代に合わせて開発もされていきますから、これからも糸はどんどん進んでいくに違いありません。

さて、その糸が生み出す生地のうち、7割を占めるといわれるのが、織物です（つまり、3割が編物ということになりますね）。これからは織物について、いろいろと見ていきましょう。

神様たちの絹織物

定義としては、タテとヨコに1本ずつ垂直に交差させていくのが織物でしたね。歴史上、最も古い織物は、紀元前4200年ごろのリネン（亜麻）織物。エジプトで出土したものでした。以来、織物は文明の発達を象徴するものであり、文化が繁栄するときに際立って鮮やかに進化してきました。日本では平安時代や桃山時代、江戸時代から現代がそうですね。

もともと、糸を織機にかけて、機を織ること自体が、手間も時間もかかる大変な仕事です。一般の庶民には手の届かない高貴な織物にまつわる物語もたくさん残っています。

例えば、7月7日の七夕。伝説の始まりの織女星《しょくじょせい》と牽牛星《けんぎゅうせい》の話は、中国の後漢（25〜330年）時代に書かれたとされています。織女星は天帝という神様の娘で機織りの達人。この姫にあやかり、機織りや裁縫が上達するよう祈る中国の行事が遣唐使などによって日本に伝わり、さまざまな信仰などと混じり合って七夕伝説となったようです。

『古事記』（712年）にも、織物がいかに大事なものだったかわかる場面がいくつもあります。一つが、天照大御神《あまてらすおおみかみ》が神聖に清めた機織りのための小屋で、弟の須佐之男命《すさのおのみこと》が暴れ、服織女《はたおりめ》が無残に死んでしまい、須佐之男命が天界から追放される重要なシーンです。これらの物語が生まれたころ、日本にはすでに中国から絹も技術も渡って発達していましたから、神様たちの織物は、それは美しく上等な絹織物だったことでしょうね。

第28話

耳と耳の間は顔ではない？

織物に必ずあるものって？

今回から少しずつ、織物を詳しく見ていきましょう。

織物は、垂直に糸が交差していくのでしたね。このタテ方向の糸が経糸《たていと》（ｗａｒｐ）、ヨコ方向の糸が緯糸《よこいと》（ｗｅｆｔ、ｗｏｏｆ）です。緯糸は「ぬきいと」とも読み、「貫糸」と書くこともあります。緯糸は木管などに巻かれてシャトル（ｓｈｕｔｔｌｅ、杼《ひ》）内に入れられ、シャトルの往復運動によって経糸と交差する仕組みなので、経糸の間を「貫く、突き通す」＝「抜く」糸という意味合いからの言葉でしょうか。

こうして、緯糸が経糸を貫く作業が繰り返され、織物が出来上がります。このとき、織物の端はとくに強い力で引っ張られることが多いため、破れないように保護しています。全長にわたって、両端に数ミリ～1センチ程度の丈夫な部分を作るのです。これを耳（ｓｅｌｖａｇｅ、ｓｅｌｖｅｄｇｅ、セルビッジ）といいます。よく、ジーンズの世界で、セルビッジデニムや赤耳といった言葉が使われますが、その耳のことです。デニム以外にも織物には必ず耳があるというわけですね。

耳以外の部分は地《じ》（ｇｒｏｕｎｄ）といいます。地が薄い織物でも、耳には地の経糸を2本ずつ引き揃えて使ったり、もっと太い糸を経糸に使ったりするので、少し厚くなるのが一般的です。紳士服地用の毛織物では、ブランドやメーカー名を入れた耳もよく見かけますよね。

こう見てくると、織物では耳と耳の間が幅（ｗｉｄｔｈ）を指すのがわかりますね。耳を除いた幅は耳うち（ｗｉｔｈｉｎ ｓｅｌｖｅｄｇｅ）、耳を含めたときは耳とも（ｏｖｅｒａｌｌ）といいます。

幅もいろいろ

その幅も素材や用途によって違いがあります。最もよく聞くのがシングル幅（ｓｉｎｇｌｅ ｗｉｄｔｈ）とダブル幅（ｄｏｕｂｌｅ ｗｉｄｔｈ）でしょうか。シングル幅は並幅、ヤール（ｙａｒｄ）幅と同義語で、だいたい91・4センチ前後を指します。シングル幅と対になる用語が、ダブル幅ですね。これは毛織物に多い寸法で、152・4〜157・5センチ（60〜62インチ）

のものをいいます。綿織物の場合、137・2センチ（54インチ）前後のものをダブル幅ということもあります。

日本では伝統的なきもの用の小幅（約36センチ）があります。この幅では洋服には向かないので、輸出用には2倍の二幅もの、3倍の三幅ものという織物があり、総称して広幅《ひろはば》と呼んできました。逆に織物テープなど用途が特殊な細い織物は、細幅織物といいます。

最近は一年中、ストール類が売れていますね。では、クラシックな正方形のスカーフが、たいてい90センチ四方なことはご存じでしょうか。これはシングル幅のシルク織物の最も効率の良い製品化ということで、定番的な商品になってきたようです。

第29話

独特の重さの単位、デニムに名残

織物の長さの単位

織物の基本として、前回は幅をテーマにしました。次に、長さについて見ていきましょう。

まず、織物は反物ともいいますが、「反」とは何でしょう？これは、大人が着るものの1人分に必要な織物の量を意味する単位です。絹か綿か、きものか羽織ものかなどによっても異なりますが、和服の1反は鯨尺でおよそ2丈7尺～3丈2尺（約10・

2〜12・1メートル）です。

織物は織機の一定の幅で、かなり長く織り上げていきます。通常、5〜10反分くらいです。その長さの生地が「織物という製品」として流通する際に、丸い棒などを芯にした「反物」「巻物」になるわけです。こうして、とても長い織物が、1反、2反と数えられる商品になるのですね。英語で1反は1ピース(piece)といいます。

では、洋服用の1反（1巻、1ピース）は、どのくらいの長さでしょう？　幅が素材ごとに異なったように、さまざまあります。例えば、絹織物はだいたい45・72メートル（50ヤード）、綿織物は27・43〜45・72メートル（30〜50ヤード）、麻織物は55メートル（60ヤード）。同じウール織物でも梳毛は50〜55メートル、紡毛は40〜45メートルとやや異なっています。

一方、疋《ひき》（ぴき）、匹という単位もあります。これは2反分という意味で、主に絹や化合繊の長繊維織物に使います。ただ、反と同義語としても使われるので、ややこしいですね。

重さは何で表す？

目付《めつ》け（めづけ）という言葉も、よく聞かれるのではないでしょうか。これは、織物の単位面積当たりの重さのことで、数字が大きくなるほど重くなります。

もともと、日本には独特の単位として、匁付《もんめづ》けがありました。1匁付けは幅が3・78センチ（鯨尺1寸）、長さが22・72センチ（同60尺）、重さが3・75グラム（1匁）ある織物を指します。同じ面積で重さが2倍なら2匁付け、または単に2付けとなります。今では、羽二重《はぶたえ》や縮緬《ちりめん》などのほかにはあまり使われません。

世界で共通して使われる目付けは、1平方メートル当たりのグラム数か、1平方ヤード当たりのオンス数が使われます。毛織物の幅は60～62インチに決まっていましたよね。なので、毛織物の場合は、１平方ヤード（91・４センチ四方＝０・84平方メートル）当たりのオンス数で表されます。

現在、目付けまで知られている織物は、デニムでしょう。ジーンズを語る際の一つの目安として、消費者もよく理解しているのではないでしょうか。一般的なデニムは７～14オンス前後です。数字が大きくなるほど重くなりますから、メンズでもバイカー用などのハードなものを指す「ヘビーウエイト」デニムは、だいたい20オンス以上あります。逆に、10オンス以下の軽いものを「ライトオンス」デニムと呼びます。

第30話

丁寧な手仕事を「経る」のが整経

織物の準備工程

織物の幅や長さのいろいろを見てきました。ここで、織物の準備工程といわれる仕事に触れておきましょう。

よく聞く言葉に整経（ｗａｒｐｉｎｇ）がありますね。織物は経糸の風合いが強く出る特徴があるのですが、準備の段階でも経糸が非常に重要です。

整経は、目的とする織物の幅になるように、糸の太さから経糸の本数を割り出し、何反にするかを考慮しながら均整に配列して、ビーム（ｂｅａｍ）という金属製の大きなロールに巻き上げることを指します。

整経は、「経る」「延べる」「経延《への》べる」などともいいます。私たちは長い時間や手間をかけたときに、「経る」という言葉を自然に使いますね。織物を作るための大事な準備工程と同じ表現なのは、この手仕事の細かさや労力を象徴しているようでもあります。

整経した糸の多くは糊付け（ｓｉｚｉｎｇ、サイジング）します。その理由は、綿などのスパン(短繊維)糸の細かな毛羽を抑え、表面を滑らかにすることで、織機での摩擦を減らして強度を保つためです。ストレッチ性のある糸の場合は、伸びを抑制するために糊付けすることもあります。その後、また経糸は巻き返され、製織用のビームとして織機にセットされます。

ゆっくり織り上げる

次に、経通《へとお》し（ｄｒａｗｉｎｇ‐ｉｎ）という経糸の準備の最後の工程に入ります。これは経糸を三つの装置に通すもので、まず糸が切れないようにするためのドロッパーがあります。次に、綜絖《そうこう》です。ヘルド（ｈｅａｌｄ、ｈｅｄｄｌｅ）ともいう重要な装置で、経糸を織り組織や織り柄にしたがって上下に動かし、その隙間に緯糸を通して複雑な模様を織り上げていきます。最後が筬《おさ》で、リード（ｒｅｅｄ）ともいいます。櫛《くし》のような形をした装置で、経糸を決められた密度にし、しっかりと押さえて幅を一定に保ちます。経糸が通る細い隙間があり、その金属片も隙間も筬羽《おさは》といいます。筬羽に経糸が1～6本ずつ通り、経糸は筬羽を通って緯糸と交差します。

その緯糸はボビン（ｂｏｂｂｉｎ）に巻いてシャトル（ｓｈ

uttle、杼《ひ》）という舟のような形をした器具にセットします。このシャトルが、経糸の張られている間を左右に往復して織物になっていきます。革新織機ではシャトルがなく、空気や水圧で緯糸を入れるものが主流になりました。このため、懐かしいイメージのあるシャトル織機ですが、ゆっくり織り上げることの良さが見直され、毛織物やデニムなどで注目されています。

経糸と緯糸はさまざまに交差させられます。その組み合わせ方を織物の組織（fabric weave）と呼んでいます。この区分では、柔らかいガーゼと高密度の代表格のタフタが同じ仲間です。

織物の組織

平織り

経糸と緯糸を交互に重ね合わせ、
織り上げていく平織り。
このシンプルな構造が最も丈夫なのです。

素材いろいろ物語

第31話

シンプルで丈夫、だから多彩に

最も簡単、最も多い

織物の組織という区分で見ると、ガーゼとタフタが同じ仲間とお話ししましたね。これらは平織り（ｐｌａｉｎ ｗｅａｖｅ）という組織です。

平織りは、プレーンという名前の通り、織物としては最も簡単な構造で、経糸と緯糸が1本ずつ交互に重なり合っています。単純な仕組みですが、糸の交差点が多いので、ゆがみがなく、最も丈夫な布に仕上がります。シンプルさと丈夫さで、変化のある織物を作れますから、最も多い組織です。

さて、この平織りを含めて、綾織り（ｔｗｉｌｌ ｗｅａｖｅ、ツイル）、朱子織り（ｓａｔｉｎ ｗｅａｖｅ、サテン）の三つを、織物の三原組織（ｔｈｒｅｅ ｆｏｕｎｄａｔｉｏｎ ｗｅａｖｅ）といいます。これに、からみ織り（ｇａｕｚｅ ａｎｄ ｌｅｎｏ ｗｅａｖｅ）を加えて、四原組織とする場合もありますが、いずれにしても、これらの基本的な組織を土台にしてさまざまなバリエーションの織り組織が広がっていくわけです。

平織り、いろいろ

では、まず、平織りのいろいろから個別に見ていきましょう。

ガーゼは、ベビー服からハンカチ、夏物のシャツなど広く使われていますね。柔らかで薄く、密度の粗い綿の平織りです。包帯やマスクなど医療関係でも定番的な織物で、日本語のガーゼはドイツ語のｇａｚｅの発音からきたようです。英語はｇａｕｚｅ（ゴーズ）。甘撚りの30～40番単糸を経糸・緯糸に使い、糊も付けないので、触感が柔らかです。

また、後にからみ織りのところでもお話ししますが、ガーゼとよく似て見える密度の粗い薄地の平織りで、しっかりと張りのあるものは、英語のゴーズ、日本では紗、寒冷紗《かんれいしゃ》と呼ばれます。ちょっとややこしいですが、夏に涼しく過ごすため、世界のいろいろな地域で昔から工夫されてきた平織りのバリエーションとして、つかんでおくとよいでしょう。

次に、高密度のタフタ（ｔａｆｆｅｔａ）です。タフティー（ｔａｆｆｅｔｙ）とも呼ばれ、独特の光沢がある滑らかな薄地で、触感が硬めなのも特徴的ですね。スーツなどの裏地から、フォーマルウエア、スポーツ用途と幅広く使われています。本来は絹の平織りのため、現在はナイロンやポリエステルの長繊維を使ったものが大半です。経糸を緯糸の2倍密にし、緯糸が少し太いので、細かい横畝《よこうね》が出ます。これが日本の琥珀《こはく》織りに近いといわれます。タフタの語源は、ペルシャ語の「紡ぐ、織る」「輝くような薄い布」を意味するタフタン（taftah）からきているという説が有力です。

長繊維のタフタに対して、同じように横に細かな畝の出る短繊維の平織りに、ポプリン（poplin）とブロード（broad cloth、ブロードクロス）があります。シャツ地に使う綿織物として有名

ですね。違いは、ブロードのほうが糸が細く、より高級感のあるイメージで知られています。

第32話 パパから亀裂、灼熱も

横畝の平織り

ポプリンとブロードのお話の続きからです。広い意味では、ブロードはポプリンに含まれ、どちらも今は綿織物ということになっています。

けれども、ポプリンはもともと経糸に絹、緯糸にウールを使い、法衣や幕などに使われていました。実は14世紀、ローマ法王が一時幽閉されていたフランスのアビニョンがこの織物の産地だったために、語源も法王の愛称ポープ（フランス語のｐａｐｅ＝パパ、教父）からつけられたという説があります。

ブロードは本来、英国で作られた平織りの毛織物でした。よく縮絨《しゅくじゅう》させるので、あらかじめ幅を広く（ブロード）して織り上げたことから、この名がつきました。後に、米国でポプリンの高級品として量産したため、綿織物としても知られるようになりました。

ファイユ（ｆａｉｌｌｅ）も横畝の出る平織りです。もともとは絹織物で、タフタに似ていますが、しなやかで、ドレープ性があるのがポイントです。よりエレガントでフェミニンな平織りと思ってよいでしょう。ドレスやブラウス用途が多いですね。畝と畝の間がフランス語でファユ（亀裂）になっている感じから、この名がついたとされます。横畝で見る平織りは、タフタ、ファイユ、その次にグログラン（ｇｒｏｓｇｒａｉｎ）と畝が太くなります。グログランは「粗くざらざらしている」という意味のフランス語が語源のようです。

粗めは軽く、シャリシャリと

これまで、緻密な平織りで、横に細かな畝のあるものが続きましたが、次に密度の粗い平織りも見てみましょう。夏向きの涼しい織物の代表ですね。

例えば、トロピカル（ｔｒｏｐｉｃａｌ）。その名も「熱帯の、灼熱の」を意味するほどですが、もともとは英国から熱帯地方に輸出された細番手の梳毛の平織りです。密には織らず、通気性が良いので、今もメンズの夏のスーツ地の中心的な織物といえ

ます。軽さ、シャリシャリした手触りなどに特徴があり、「トロ」の愛称でも親しまれていますね。

トロに似た平織りに、ポーラ（ｐｏｒａｌ、ポーラル）があります。特殊な三子撚《みこよ》りの糸（ポーラヤーン）を使い、密度を粗くした梳毛織物です。撚りの異なるモヘアなどの糸を組み合わせるので、糸の凹凸の中を空気が出入りして涼しいのですね。こうした状態をポーラス（ｐｏｒｏｕｓ、多孔性）と呼んで、ポーラル、ポーラとして普及しました。フレスコ（ｆｒｅｓｃｏ）という呼び方もあります。

最近、トレンド素材として広がったギンガム（ｇｉｎｇｈａｍ）も有名な平織りです。チェック（格子柄）が代表的ですが、ストライプ（縞柄）も含みます。色の着いた糸（先染め糸）と未着色の糸、または色の異なる先染め糸同士を組み合わせます。主に綿の20～40番手単糸を使います。

第33話 麻のローンに綿モスリン？

柔らかく、しなやか

今回も多彩な平織りを見ていきましょう。

例えば、夏のブラウスやハンカチなどに使われるローン（lawn）。60～100番手の細い綿糸を使い、柔らかくしなやかで、若干の透け感も特徴です。もともとはフランスの高級リネン織物を指したので、綿が主力となった後も、リネンの張りに似せて薄く糊付けして仕上げたものが多くありました。語源も、フランス北部の都市、ラン（Ｌａｏｎ）発祥のためという説が有力ですが、ローン（ｌａｗｎ、芝生）の上で天日に晒《さら》したからともいわれています。

ローンと同じような平織りの薄地に、モスリン（ｍｕｓｌｉｎ）があります。もともとは綿が主な素材でしたが、近世に入って毛織物として量産されました。名前は、フランス語のムスリン・ド・レーヌ（ｍｏｕｓｅｌｉｎｅ ｄｅ ｌａｉｎｅ、毛のモスリン）が省略されたものですが、本来はメソポタミア（現イラク）の首都でもあったモスル（Ｍｏｓｕｌ）で綿の平織りとして多く作られ、フランスに渡っていきました。

日本には江戸末期に伝来、梳毛の単糸で織ったものを指すことが多く、「毛斯綸」と書いたり、メリノ種の羊毛の多さから「メリンス」と読んだりします。唐縮緬《とうちりめん》、単純にモスとも呼びます。

多くの名前で親しまれたのは、軽くて柔らか、温かい毛織物で、比較的安く和服に使えたためです。しわになりにくく、捺染《なっせん》でき、和服の下着から帯、羽織などに重宝されました。戦後、ウール代替の化合繊が登場したため、梳毛のものを「本モスリン」として区別しました。

強撚糸のボイル

ボイル（ｖｏｉｌｅ）も平織りの薄地ですが、密度が粗く、肌触りがサラッとしています。ローンやモスリンと異なる特徴は、強撚糸を使う点です。強く撚った糸はよく締まって硬く仕上がることを生かした織物ですね。通気性も良いた

め、夏のシャツや子供服にもよく使われます。絹が主流でしたが、今は綿やウール、化合繊までさまざまな素材の糸が使われています。

綿ボイルの場合、経・緯ともに80～100番手双糸の強撚糸を使うと「本ボイル」、緯糸が普通撚りの40～50番単糸だと「半ボイル、ハーフボイル」、強撚糸を使わないと「模倣ボイル」と呼ぶなど、種類が豊富です。

ちなみに、言葉としては、顔を覆うベール（veil）と兄弟語です。ラテン語で「覆い」を意味するveluや「幕、帆」を意味するvélaから、フランス語のvoileになり、13世紀ごろに英語に入ったとされています。

第34話　さざ波のように、愛される「皺」

肌触り、さらり

前回、強撚糸を生かした夏向きの平織り、ボイルに触れました。同じように、強撚糸を使った平織りでバリエーションの広い生地に、クレープ（ｃｒéｐｅ、ｃｒａｐｅ）があります。エレガントなドレスなどによく使います。

クレープといえば、薄いパンケーキの一種も有名ですね。パンケーキも織物も、フランス生まれ。名前もまったく同じｃｒéｐ

eで、皺《しわ》という意味からきています。両者とも、薄い生地の表面に、さざ波のように細かな縮みが見え、その薄い凹凸を、皺と見立てたわけです。

織物のほうは、緯糸に撚り方向の違う強撚糸を使うなど、さまざまな強撚糸を組み合わせて織るため、仕上げ加工の段階で縮み皺が現れます。この細かな縮みのため、肌触りがさらりとしているのが特徴です。もともとの開発は中国ですが、12世紀ごろから西欧で改良され、クレープデシンなど多くの応用組織が生まれました。それで、単にクレープというと、フラットクレープ（平縮緬）を指します。

クレープの縮み、日本ではシボ

クレープデシンは、フランス語でｃｒéｐｅ ｄｅ ｃｈｉｎｅ。

ｃｈｉｎｅは中国ですから、「中国風のクレープ」という意味ですね。経糸は無撚糸、緯糸に強撚糸を打ち、繊細な皺と柔らかさ、上品な光沢のある薄い絹織物です。18世紀に世界的な絹の産地、リヨンで開発されました。今は単にデシンとも呼びます。

ジョーゼット(ｇｅｏｒｇｅｔｔｅ)もクレープの代表の一つで、ジョーゼットクレープの略です。これは、タテ・ヨコともに強撚糸を使います。光沢はあまりなく、縦・横双方向に細かな縮れが出て、弾力性もあります。エレガントなドレープ性があり、シワシワになりにくいので、ポリエステルなど化合繊の長繊維を使う織物としても、代表的な品種です。シフォンジョーゼットや梨地《なしじ》ジョーゼットをはじめと

して、ファミリーといえそうなほどバリエーションも豊富です。

日本にもクレープに相当する縮緬があります。和服や風呂敷によく使いますね。緯糸に強撚糸を用い、細かな皺を出し、通常は緯縮緬といいます。化合繊も使いますが、もともと絹織物だったこともクレープと同様。縮みを表現する「シボ」も、皺の意味です。

縮緬の技術は、やはり中国から渡ってきました。天正年間（１５７３〜92年）、泉州・堺の職人が教わったのが最初とされています。これが京都の西陣、丹後、長浜、岐阜、桐生など全国に伝わり、各地で特色ある縮緬を生みながら発展しました。本格的な普及は17世紀末、江戸時代中期とされます。

「越後の縮緬問屋……」と称して旅をする、テレビ時代劇「水戸黄門」が有名です。けれども、実際の徳川光圀（１６２８〜１７００年）の時代、縮緬の流通網は未整備だったと見るのが自然でしょう。

織物の組織

綾織り

斜めの線模様が特徴の綾織り。
平織りよりも滑らかで光沢があり、
柔らかい生地に仕上がります。

素材いろいろ物語

第35話

あやめは菖蒲？それとも？

分別がなくなるほどに

さまざまな平織りを見てきました。織物の三原組織にはほかに、綾織り（斜文織り）、朱子織りがありましたね。今回からは綾織りに移りましょう。

『古今集』巻十一恋。恋歌全五巻の巻頭に有名な歌があります。

郭公《ほととぎす》なくや五月のあやめ草
あやめもしらぬ恋もするかな

ほととぎすからあやめ草（現在の菖蒲）までは、「あやめ」を引き出すための序詞《じょことば》。その「あやめ」は「文（綾）目」で、織物や木目などの模様のこと。「それさえも見分けがつかないほど、われを忘れて恋に夢中で……」。そんな状況を「あやめもしらぬ」と詠んでいます。

注目したいのは、1000年以上も前の日本の人々にとって、「文《あや》（綾）目を知る」状態が、ごく普通の日常だったらしいということです。分別がなくなって、道理にかなわないくらいの恋愛を表現する際、織物の目がわからないというのですから、とても繊細な感覚が共有されていたのでしょうね。

もちろん、平織りにも縮れが特徴的なクレープなどを含めて、織物の目が見えやすいものもあります。一方で、はっきりと斜めの畝のできるもの、その線の意匠効果を生かしたものが、綾織りです。この線を綾目と呼び、斜文線、綾線、ツイルライン（t will line）ともいいます。

滑らか、光沢、厚地

綾織りは英語のツイル（twill weave）と同じです。斜めの線を出すために、最低1本の経糸または緯糸が、2本の緯糸または経糸をまたぐように織っていきます。これが最小単位で、三綾《みつあや》といいます。同様に糸が増えていき、四綾、五綾、六綾、八綾などがあります。規則正しく糸が糸をまたぐ（長めに浮く）配列が、斜文線という美しい綾目を生むわけですね。右上がり線の右綾も、同様に左上がり線の左綾もあります。

糸の交錯する点で見ると、1本ずつ、1対1の割合で現れる平織りと比べて、綾織りの場合は数が少なくなるため、滑らかで光沢のある生地になります。柔らかさも特徴です。糸の打ち込み本数が増えるため、厚地が多いですね。また後に触れますが、綾織りの代表的なものに、なじみ深いデニムがありますから、そのイメージを持っておくと便利でしょう。

ちなみに、今の私たちの使い方と異なり、古代は「綾（あや、りょう）」とだけいえば、現在の錦《にしき》、ジャカードのような複雑な模様を織り出した豪華な紋織りのことを指しました。

こうした「あや」という言葉の由来は、妖《あや》しい美しさという説があります。しかし、古代朝鮮半島の安耶《あや》国からきた漢人と呼ばれた渡来人が主に作り、漢織《あやはとり》などと呼ばれたため、というのが有力のようです。

第36話

巡礼者のコート、出荷札も歴史に

綾目の角度で

綾織り（斜文織り、ツイル）には、綾目の角度を変えたり、いくつかの綾織りを組み合わせたりと、さまざまな種類があります。綾目の角度が45度よりも急な組織のことを、急斜文織り（steep twill）といいます。カルゼ（kersey）やギャバジン（gabardine、gaberdine）、フランス綾（fancy twill）、ドリル（drill）など多数あります。

カルゼは本来、美しい右綾の出る毛織物で、かすかな毛羽や光沢も特徴です。英国の毛織物の町、カージー（ｋｅｒｓｅｙ）が主産地だったために名付けられ、欧米ではカージーといいますが、日本ではローマ字読みが通っています。今は綿織物も多いです。

ギャバジンは「ギャバ」と略して呼ばれるほど、有名な織物ですね。もともとは英国バーバリー社の商標でした。同社の創業者、トーマス・バーバリーが１９０２年、この種の畝《うね》の整った綿織物に防水加工を施して「Ｇａｂａｒｄｉｎｅ」と登録したものです。

この名前は、中世の巡礼者や僧、ユダヤ人が着た長いコートであるガバルディナ（ｇａｂａｒｄｉｎａ）に由来するとされます。原意は「放浪者、巡礼者」で、昔は毛織物が多かったのではないでしょうか。欧州の長い歴史を感じさせます。ちなみに、ギャバジンに似た毛織物で、防水加工をしたものはクレバネット（ｃｒａｖｅｎｅｔｔｅ）といいます。

ツイード秘話

急斜文に対して角度が45度くらいのものを、正則斜文織り（ｒｅｇｕｌａｒ ｔｗｉｌｌ）と呼びます。サージ（ｓｅｒｇｅ）が代表的です。ギャバジンにも似ていますが、梳毛《そもう》を使うものが多く、丈夫で使い勝手の良い織物としてスーツや制服まで幅広く多用されています。名前はラテン語のセリカ（絹）から、イタリア語のセルジア（絹毛交織）など各国に広がったとされます。英語には、オランダ語のセルジか、ポルトガル語のサルゼから入ったようで、日本では語尾の「ジ」が「地」と考えられて、和服地の「セル」を生み出しました。

綾目が45度より緩やかだと緩斜文織り《かんしゃもんお》（ｒｅｃｌｉｎｅｄ ｔｗｉｌｌ）ですね。こうした区分以外に、綾織りの変化組織には、右綾と左綾の接点をずらして組み合わせた山形斜文（ｐｏｉｎｔｅｄ ｔｗｉｌｌ）ともいわれる杉綾、つまりヘリンボーン（ｈｅｒｒｉｎｇｂｏｎｅ）、破れ斜文織り（ｂｒｏｋｅｎ ｔｗｉｌｌ）など、いろいろなタイプがあります。

ちなみに、紡毛織物の代表の一つ、ツイード（ｔｗｅｅｄ）は種類が多く、現在では平織りも含めますね。しかし、名前の由来は18世紀。当時のスコットランドではツイルを「ｔｗｅｅｌ」と綴っていたところ、出荷の際の手書きの札が雑だったため、ロンドンの商

人が「ｔｗｅｅｄ」と読み間違えました。そこから、世界的に有名になるツイードが流通していったといわれています。

第37話　厚みを増す、自然と人々の営み

格子柄の綾織物

今回はタータン（ｔａｒｔａｎ）に注目してみます。ファッションビジネス業界に働く人でなくても、よく知られている柄の一つですね。とくに、日本は多くの英国ブランドを通じてタータンに親しんできた国です。有名な百貨店のショッピングバッグにもありますね。

定義では、先染め糸を使った格子柄の綾織物です。本来はスコ

ットランドのクラン（氏族）を示す紋章としての毛織物を指しました。キルトと呼ばれる男性用のスカート、肩掛けなどに使われていましたが、今は女性用を含めて幅広いアイテムで活躍していて、毛織物にも限りません。クランタータン（ｃｌａｎ ｔａｒｔａｎ）、タータンチェック（ｔａｒｔａｎ ｃｈｅｃｋ）、タータンプレイド（ｔａｒｔａｎ ｐｌａｉｄ）などともいいます。

縞を描く線の太さや間隔、配色などの組み合わせは膨大で、正式に意匠登録されたものはエディンバラのスコットランド紋章院で管理されています。

語源は中世フランスで作られていた麻・毛の交織織物、ティルテーヌ（ｔｉｒｅｔａｉｎｅ）というのが有力です。古い布の端切れなどの存在から、３世紀ごろにはタータンの原型と呼べそうな格子柄の織物が作られていたと見られます。

民族とタータン

スコットランドでは紀元前8世紀ごろ、原始的な王国が作られたというのが定説です。その後、さまざまな民族が対立や融和を繰り返す中で、それぞれが基盤とする土地の草花で染めた糸を使い、タータンの原型が織り上げられ、それを身につけて戦いました。敗れれば、自分たちの織物は奪われ、相手方に塗り替えられる戦場で、敵と見方は一目瞭然だったと語り継がれています。

毛織物の草木染めは容易でなく、今よりは淡く、微妙な配色だったはずですが、スコットランドの高地（ハイランド）は、隣の民族・氏族と異なる草花が生い茂り、豊かな自然に恵まれたことがわかりますね。

　現在のような多色を使い、洗練されたタータンが確立されたのは、13世紀ごろと見られます。氏族制度は18世紀に解体しましたが、紆余曲折を経つつ、タータンはスコットランドの文化的な象徴として生きています。

　先日（２０１６年６月）、英国がＥＵ（欧州連合）離脱を決めました。それに伴い、スコットランドで英国からの独立の機運が高まっているようです。美しいタータンにまつわる物語が、また厚みを増していくのかもしれません。

第38話　デニムも仁斯もジーンから

経と緯の糸が違うデニム

私たちの生活になじみ深い綾織りが、デニム（ｄｅｎｉｍ）ですね。定義としては、厚手の丈夫な綿織物で、一般には経糸に20番手より太いインディゴ染めの糸、緯糸に白の晒《さら》し糸を使うものを指します。織物は、表に経糸の風合いが強く現れ、裏側に緯糸の色が出るので白っぽくなります。

最近は、デニムという織物が有名になり、これを使った衣類をデニムアイテムなどと呼ぶことも多くなりました。なかでも、そのパンツ（ズボン）は通常、ジーンズ（jeans）といいますね。本来は、天然の藍（indigo、インディゴ）で染められたデニムを使い、リベット（鋲）を打った作業着やパンツの総称です。

ジーンズは、もともと、ジーン（jean）という織物に由来します。つまり、ジーンで作られた服のことです。ジーンはイタリアの港湾都市、ジェノバ（Genova、英語ではGenoa）からきています。ジェノバは、紀元前2世紀ごろにローマの軍事拠点が置かれてから発展し、中世には地中海貿易から欧州内陸諸国との交易で栄え、探検家のコロンブスの出身地としても有名ですね。彼の父も織物職人だったとされますが、この都市の丈夫な綾織りの綿織物が、開拓時代の米国に渡って重宝されます。最初、ジェノイーズ（genoese、ジェノバ物）などと呼ばれた後、ジーンと省略されて1567年には文献にも現れました。

これが、米国でも国産化されていくうちに、ズボンやシャツ、テント、幌など縫製品を複数形で指す「ジーンズ」とも呼ばれていきました。そのまま細綾の織物としても通用し、後に日本に伝わり、「仁斯」の漢字をあてて「じんす」と読ませました。

セルジ・ド・ニーム

このジーンに少し遅れて米国に渡ったのがデニムです。デニムは本来、フランス南部の都市、ニーム（Nîmes）産の丈夫な綾織りです。当初は、セルジ・ド・ニーム（serge de

Nîmes、ニームの絹織物）と呼ばれていましたが、当時から実際は毛か綿織物でした。これが英語化して前半が省略され、文献にも1695年にはデニムとして登場します。

セルジ・ド・ニーム自体が、ジェノバ産綾織りを模倣したともいわれ、この二つはよく似ています。ただ、ジーンは後染めで藍色1色のみですから、経糸と緯糸で異なる糸を使い分けるデニムとは、違っていますね。

では現在、デニムを使う服のことを正式にジーンズというのに、デニムズと呼ばれないのは、なぜでしょう？　ジーンのほうが先に定着していたため、織物はデニムに置き換わっても、言葉は上書きされなかったようです。結果的に、名が実体を表さず、少しややこしくなりましたね。ジーン、デニムとも天然の藍染めなのは、害虫やヘビがこの染料を嫌うとされたためですが、その効果には諸説あります。

第39話 長く着られるデニムの仲間は多彩

中白と本藍

デニムは、厚くて丈夫な綾織物の代表で、インディゴ（藍）染めの糸を経に使うのが、ポイントでしたね。このデニム独特の糸染め（先染め）の主な方法をロープ染色（ｒｏｐｅ ｄｙｅｉｎｇ）といいます。

デニム製品の話題の中で、よく中白《なかじろ》という言葉を聞きますね。これは、経糸のインディゴが中心部までは達していないことを指しています。糸の真ん中の芯部分が白いために、デニム製品を使い込んでいくと、濃いブルーの色が落ちて白っぽくなり、それが味わい深いというわけです。

この風合いに、ロープ染色がかかわっています。何本かロープ状に束ねた綿糸をインディゴ染料に浸しては、空気に触れさせるという作業を繰り返します。いわゆる酸化と還元の作用で、束ねられた糸の芯までは染料や空気がなかなか届かず、中白に仕上がるという仕組みです。

この染色に使うインディゴは現在、ほとんどが合成したインディゴ染料で、いわゆる本藍とは異なります。植物としての藍は多様で、古くから世界中に自生したといわれます。それが麻や綿など植物系の糸・織物を中心に、染色に利用され、人々を彩ってきました。天然の藍から染料を作る過程は、発酵という反応を利用した人類の知恵です。日本も藍染め技術に長け、その文化が世界に誇るデニム作りの土壌にもなりました。

似ているが違う

ここまでデニムに触れてきましたが、よく似た綾織りにダンガリー（dungaree）があります。

これは、糸の配置がデニムと逆で、経糸が白の晒し糸、緯糸が色糸です。織物の外観・風合いは経糸の影響が強いので、ダンガリーはデニムより白っぽく見えることになりますね。デニムが厚地で11～14オンス前後が一般的なのに対して、ダンガリーは6～8オンスくらいの薄手

の綾織りを指します。このため、パンツ類よりも、主にシャツなどに使われることが多いです。ちなみに、この名前は、インドのボンベイ（現ムンバイ）市のダングリ（Dungri）地区で織られていたことに由来するとされています。

このダンガリーと時々、混同される織物に、シャンブレー（chambray）があります。こちらは、経糸に先染めの糸、緯糸に白の晒し糸を使う平織りなので、組織の構造が違うことがわかりますね。

シャンブレーは2色の糸が光の加減で色調を変えるため、「玉虫」効果のある織物。霜降りのような見え方をするので、藍色などブルーのバリエーションの糸を使ったシャンブレーを素朴な感じに仕上げると、ダンガリーと間違えられることもあるのですね。ただ一般には、シャンブレーはシルクなどを使ってエレガントに見せることが多いと覚えておくとよいでしょう。

織物の組織

朱子織り

すべすべとした滑らかさ、艶やかな光沢。
優美な朱子織りはサテンとも呼ばれ、
洋の東西を問わずバリエーションが豊富です。

第40話

デイゴの花から転じたサテン

昔々、南国で

今回は、織物の三原組織のもう一つ、朱子織り（ｓａｔｉｎ、サテン）に入りましょう。サテンといえば、つるつる、すべすべ、キラキラなどと形容される布の代表ですね。ウエディングドレスやイブニングドレスなど、華やかな場面がよく似合う織物です。なかでも、シルクサテンの光沢や触感は、人々をうっとりさせるような力を持っています。

サテンの始まりも、やはりこのシルクサテンからで、14世紀ごろに中国で量産されるようになりました。中国では、紵子《ちょし》と呼ばれていたようです。この紵子がサテンとして世界に広がる際、日本の沖縄の県花として知られるデイゴ（梯梧）の花が深く関係しているという話をしましょう。

紵子が重要な交易品として輸出されていったのが、中世の貿易港だった福建省の泉州市でした。泉州市には城壁があり、その周囲に赤いデイゴがたくさん植えられていました。デイゴは中国で刺桐（シャウトン）といい、泉州市には刺桐城という美しい別名もありました。

このシャウトンを、アラビアの商人たちが、「ザイトゥン」となまり、その後イタリアで「ゼティン」と変化してサテンとなっていきました。

デイゴは日本では沖縄が北限とされます。南国を舞台に、美しい花が美しい織物の名前にも変わっていったのですね。

接結点が違いを生む

さて、日本の朱子織りは、本来は「繻子織り」と書きます。繻は、「薄い絹織物」の意味です。

一般的には、経糸か緯糸のどちらか一方が表面に多数浮き上がり、斜め方向に配列される組織のことを指します。つまり、平織りや綾織りよりも糸の接結点が少ない構造をしています。このため、柔らかく、艶やかな光沢が現れる特徴があるのですが、織物の強度が落ちるのと、毛羽が出やすいという弱点もあります。

規則的な朱子の場合、糸を4本飛ばし（浮かせ）て5本目に接結するものを、五枚朱子といいます。同様に8本目、10本目として、八枚朱子、十枚朱子などがあります。経糸が表面に多く出ていれば「経朱子」といい、ほとんど表面が経糸しか見えない構造のため、滑らかで光沢にあふれます。逆に、緯糸が多く現れれば「緯朱子」です。

五枚朱子では、大柄の草花の模様が浮き上がる緞子《どんす》が有名です。中国の錦がシリアの都市、ダマスカスに伝わってダマスク（ｄａｍａｓｋ）になりましたが、それが中国に逆輸入され、緞子になったとされます。

サテンは西洋でも東洋でも、非常に優美な織物として、バリエーションが豊富です。２０１６年春夏のレディスコレクションでもトレンド素材に浮上し、久しぶりに、にじみ出るような光沢や、ふくよかな手応えある生地が時代の気分のようです。

織物の組織

変わり織り

蜂巣、梨地、アムンゼン……。
これらはみんな織り組織の名前です。
想像力をかき立てますね。

素材いろいろ物語

第41話

奥行きも作りも特異な織り組織

甘い物由来のネーミング

織物の三原組織を見てきました。基本型といわれる形にも、さまざまありましたね。そこから派生した変化型も多彩です。覚えておきたいものなので、いくつか注目してみましょう。

例えば、タオルやシーツなどでなじみ深いハニカム（honeycombweave、waffle cloth、蜂巣織り）はいかがでしょうか？　一般的な布よりも、肌に触れる点が少なくて、さらりとした清涼感がありますよね。これは、浮き織りという種類のなせる技で、ハニカムもその一つです。経糸と緯糸の長く浮く部分、沈む部分がはっきり分かれ、布の表面に正方形や菱形の凹凸が出るのが特徴です。それが、お酒を飲むときなどに使う升《ます》のように見えるので、升目織りとも呼ばれます。

ハニカム構造とは、正六角形か正六角柱をピッタリくっつけ、隙間を作らずにびっしり並べたものです。平面でも立体でも使う言葉で、広い意味では六角形に限りません。織物のハニカムは、升目が多く、正六角形ではないので、後者の意味合いからのようです。奥行きのある3D的な図形の繰り返しに着目した、うまいネーミングですね。

蜂の巣のような外観から付けられた名前ですが、ワッフルも同じ織物を指します。ベルギーワッフルなどと同じ名前です。クレープもそうでしたが、甘い食べ物と織物で由来が同じものがあるのも、面白いですね。

日本発の変わり織り

梨地織りという名前を聞いたことがある方も多いでしょう。みずみずしい果物の梨の皮は、細かな凹凸があり、少しざらざらとした感じがしますね。あの雰囲気のある織物のことで、京都の西陣で和服地として開発されました。現在は、一般的に朱子組織の変化版のドビー織物を指すことが多いです。非常に日本的な風情があり、花崗岩や御影石の表面にも似ているので、花崗《みかげお》織り、石目《いしめ》織りともいいます。

この応用版に、有名なアムンゼン（ａｍｕｎｚｅｎ）があります。変わり綾組織で、表面に不規則で細かな突起が現れます。開発されたのは１９３０（昭和５）年ごろ、愛知県の尾州産地でした。日本を代表する毛織物産地ですから、最初は和装用の梳毛織物として作ったのですが、当時、有名だったノルウェーの探検家、アムンゼンから命名したといいます。

このころは薄く繊細な梳毛織物で、高級品として販売されていました。最近では、梳毛だけでなく、ポリエステルなどの合繊長繊維のほか綿も多く、洋服用に広く使われています。アムンゼンの中で縞柄を表したものは、アメリカの有名な滝の名前をとって「ナイアガラ」と呼びます。

日本で生まれた変わり織りですので、英語で表現する場合は、サンクレープの仲間に含めて、サンドウィーブクレープ（ｓａｎｄｗｅａｖｅ ｃｒｅｐｅ、砂目織り縮緬）などと呼びます。

織物の組織

パイル織物

タオルでおなじみのパイル織物。
いくつもの輪が作る厚みは
ふかふかとして心地よいですね。

素材いろいろ物語

第42話

小さな輪が密集する世界

いろいろに応用可能

パイル（ｐｉｌｅ）組織について見てみましょう。タオル類のほか、最近ではリラックスムードたっぷりのパーカやパンツ、スカートなどでもよく使われている生地ですね。

パイルは、織物から輪奈《わな》（ループ）のような形に出た糸のことです。リング状といったほうがわかりよいかもしれませんね。そのリングの先端を切って、細い毛羽のようにしたものも含みます。布の表面にパイルのある組織の織物を、パイル織物（pile fabric、pile cloth）、添毛《てんもう》織物といい、二重織物の一種です。

糸が輪奈のままのものを「アンカットパイル」「ループドパイル」といい、毛羽状に切ったものが「カットパイル」です。パイルのある面の種類で、「片面パイル」と「両面パイル」があり、パイルを経糸で作るか緯糸で作るかによって、「経パイル織物」と「緯パイル織物」などがあります。

パイル織物だけで、さまざまな種類があることがわかりますね。それほど、生地としての応用範囲が広くて便利で、研究や開発がなされてきたのですね。

後でまた詳しく見ますが、経パイル織物にはタオル織物やビロードなどがあり、緯パイル織物には別珍《べっちん》やコーデュロイなどがあります。

絹から綿へ、テリークロス

経パイル織物で、両面にパイルのあるものを、タオル織物といいます。

日本で、タオル（towel）といえばこのことですが、英語ではテリークロス（terry cloth）といいます。生地の面から糸が輪となって「引っ張られた（フランス語のティレ、tiré）」形状のためです。

同時に、英語のタオルは「拭き布」の意味で、生地の種類を問いません。英語圏では、前回触れたハニカム状のワッフル織物も、体や部屋を拭くのに重宝されるタオルとなり、両面パイルだけをタオルと呼ぶことはないわけです。

このテリークロスの歴史はわりにはっきりしていて、1811年、フランスで絹糸を使って作られたのが最初とされます。同45

年、英国で毛糸によって作られましたが、このあたりまでは装飾用の生地でした。私たちが使う、いわゆる綿のタオルは同48年、英国のサミュエル・ホルトが作ったのが始まりのようです。ホルトは同51年のロンドン万国博覧会に出品し、ビクトリア女王から金メダルを受けました。彼はその後、米国に移住し、ニュージャージー州のパターソンで綿タオルの本格生産を開始、そこから綿タオルは上流階級の贅沢品として普及していきました。

日本には幕末ごろから入り始め、最初は「タアフ、タウル、タヲール、タウエル」などと表記されたようです。一般には、西洋手ぬぐいとして広まっていきました。現在の産地としては、愛媛県の今治が有名ですね。

第43話

ルネサンスのあこがれ、今も

美しい絹の毛羽

パイル織物の中の経パイルという種類に、タオル織物やビロードがありましたね。ここでは優雅でフォーマルなイメージのビロードに注目してみましょう。

ビロードは、生地の全面に毛羽（カットパイル）が密集しています。ポルトガル語のｖｅｌｕｄｏか、スペイン語のｖｅｌｌｕｄｏのなまったものといわれ、日本では天鵞絨と書いてビロードと読ませた時代もありました。英語ではｖｅｌｖｅｔで、ベルベットとビロードは同じ織物ですが、日本には16世紀、いわゆる南蛮貿易で渡ってきたのでビロードの呼び名のほうが長く使われていて、ベルベットはモダンなイメージでしょうか。

ちなみに、伝来は１５４２年で、鉄砲がビロードで包まれていたとされます。日本にはなかった織物であり、織田信長が好んだとか、上杉謙信に贈ったとかいった逸話が残っています。

もともと、誕生したのは13世紀のイタリアでした。絹糸をふんだんに使い、美しい毛羽と弾力のある織物は、キリスト教会の祭壇用の掛布や司祭の祭服などに採用されていきました。神聖な意味合いだけでなく、その後、王侯貴族がさらに豪華さを競い合うようにビロードが流行したといいます。それを後押しするかのように、ちょうど13世紀後半から勃興して隆盛を極めるルネサンスの時代と、ビロードの広まりは重なります。

ルネサンス絵画を見ると、聖母マリアやさまざまな聖人が美しいビロード風の生地の衣服を身につけていますが、これも当時のラグジュアリーな流行の象徴かもしれません。実際には13世紀になるまで存在しない織物ですから、聖書の登場人物が着ることは無理ですものね。

化合織の長繊維が主に

本来は、これらのように絹糸100%で作ったものをビロードと呼んでいましたが、現在はレーヨンやポリエステルなど化合織の長繊維が主に使われています。

この作り方は、二重織物（2枚の織物）の間をパイルになる糸が往復して接結する形にして、その接結部分をナイフで切り離し、2枚のビロードにするという方法が一般的です。接結部分がカットパイルになり、だいたい2ミリくらいの長さが標準とされますが、毛足の長いものから短いものまでさまざまに開発されています。

1917年7月、詩人の宮沢賢治が詠んだ歌があります。

うるはしの海のビロード昆布らは
寂光のはまに敷かれひかりぬ

21歳の賢治が、岩手県宮古市の浄土ヶ浜を訪れた際、漁の後の昆布を干していく様子を見てのことのようです。肉厚でねっとりと黒光りするような立派な昆布をビロードとしたのですね。独特な味わいのあるビロードをとらえた、この歌。当地に歌碑があります。東日本大震災にも耐えました。

でも、ほんとは、
ビロードではなかった
はずだよね
Renaissance

第44話 「王様の畝」って何？

別珍とその姉妹

パイル（添毛）織物の中でも経パイルであるビロードに触れました。今回は、緯パイル織物の別珍とコーデュロイを見てみましょう。

ビロードは本来、絹糸100％であるのに対し、別珍は綿糸を使うことが重要な点です。ビロードは英語でｖｅｌｖｅｔ（ベルベット）で、ビロードに似せて作った綿織物はｖｅｌｖｅｔｅ ｅｎ（ベルベッティーン）と呼ばれました。これをなまって当て字にしたのが、日本語の別珍です。１９１７（大正６）年ごろ、この名称が登場したといわれます。

別珍はビロードのように、生地の全面に短い毛（糸）が立って整い、密集した毛羽の艶が美しい綿織物ということになりますね。これの姉妹品といってよいのが、コーデュロイ（ｃｏｒｄｕｒｏｙ）で、立毛部分が経方向に畝《うね》のように並んでいます。密度は、だいたい経糸が1インチ当たり44～73本、緯糸が１３４～２８８本くらい。畝の数も1インチの間を目安に数え、４畝以下の太いものを鬼コール、５～６畝を太コール、８～10畝を中コール、14～18畝を細コール、20畝以上は極細コール、ピンコール、微塵《みじん》コールなどといいます。

コーデュロイは中肉厚地で、温かいので、秋冬によく使われますね。畝が細ければ細いほどカジュアル感が薄まり、「きれいめ」な雰囲気が出せ、太ければ存在感が強くなります。

太陽王が与えたコーデュロイ

今秋冬（2015年）も、ビロードや別珍などの毛の立った織物は人気がありますが、その歴史は17世紀のフランスにさかのぼります。絶対君主制を確立し、太陽王ともいわれたルイ14世（在位1643～1715年）は、自身は当然、絹のビロードを身につけていましたが、召使いにコーデュロイを使った制服を与えたとされています。これが話題になり、「王様の畝」を意味するCode du Roi（コル・デュ・ロワ）として流行していったのでした。

ベルベッティーンのほうはもう少し遅れましたが、同じくフランスでビロードに似せた織物を目指し、1750年代に織り始められました。その後まもなくのイギリスの産業革命で、マンチェスターなどを中心に大量に作られた結果、コーデュロイや別珍は、「マンチェスターもの」というような呼び方をされた時代もあります。

日本では、１８９３（明治26）年ごろ、コーデュロイの生産が始まりました。主な需要は草履や下駄の鼻緒で、東京・浅草で作られたのが最初のようです。その後、別珍の試織《ししょく》も始まりました。均一な全面パイルのカットの技術確立などに苦労したものの、完成されていきました。

こうして、「コール天」の呼び名も付いていきます。この「天」は、天鵞絨からと想像され、ビロードへのあこがれと敬意が伝わってくるようですね。

第45話 「ジャガード」は日本だけ？

模様表現は無限

パイル（添毛）織物を見てきました。一つ疑問に思うかもしれない、ベロア（ｖｅｌｏｕｒ）について少し解説します。

ベロアは、もともとは毛足（生地の表面に出た糸）の長いウールのパイル織物を指しましたが、最近ではほとんどビロードに似せたニット（編物）のことを呼んでいます。後でニットのところで触れますが、ベロアはパイルの生地のバリエーションの中で、伸縮性のあるニットの仲間と覚えておくとよいでしょう。ここでは、織物の中でもよく聞かれる、ジャカード織物（jacquard cloth）を取り上げます。

ジャカード織物は、さまざまな色糸や組織を組み合わせ、複雑な模様を作る紋織物の一つです。ジャカード装置を付けた織機で作った織物を、ジャカード織物と呼んでいます。ジャカードと略されるほどなじみ深い織物ですね。これで作られた模様はジャカード柄といいます。

ジャカード装置は他の織機と異なり、綜絖《そうこう》（heald、heddle、ヘルド）が一本一本独立していることで、多様な模様が生み出せます。綜絖の経糸を通す部分とジャカード装置の針を連結するのに、通糸《つうじ》という糸を使う仕組みで、通糸の働きによって何千本もの経糸が自由に動かせます。こうしたジャカード装置による模様の表現は無限ともいわれています。

織機に取り付けるだけ

このジャカードは19世紀初頭、フランス人のジョセフ・マリー・ジャカール（Joseph-Marie Jacquard）によって開発されました。

仕組みとしての原型は、中国の高機《たかはた》、花機《はなばた》、日本では空引《そらび》き機《ばた》（draw loom）にあります。長い間、大掛かりな手動の装置だったのに対し、ジャカールが実現したのは、パンチカードのような紋紙によって自動的に経糸を制御するもので、近代的な自動機の先駆けでした。

それまでは、織機の上にやぐらを組んで、職人が経糸を上下させながら、織機の前にいる職人とともに織り上げていました。大変な作業を省力化しただけでなく、一般の織機に取り付けて使える付加装置であった点も、非常に画期的でした。現代のコンピュータージャカードにつながる重要な発明です。

当時、産業革命によってイギリスが繊維産業の覇者となっており、シルクで栄えたフランスも威信をかけて革新織機の開発に力を入れていたとされます。ちなみに、ジャカールの名前からジャカード織物ですので、「ジャガード」と濁るのは日本独特の呼び方ですね。

最近は、さまざまな模様をプリントで表現することが可能ですが、織物そのもので凹凸の伴う複雑な柄を表現する味わいには独特のものがあり、ファンも多いです。エレガントな装いはもちろん、応用範囲は広く、今はジャカード編みもありますね。

糸を織り上げる
織機

原料を束ねて撚り合わせた糸を織り、
多様な生地ができますが、
この「織る」機械＝織機の世界も奥深く……。

素材いろいろ物語

第46話

使いやすく、回り続ける木馬

小さな模様を、繰り返し

紋織物の代表であるジャカード織物を見ました。フランス人のジャカールさんが開発したものでしたね。日本には1873(明治6)年、初めてフランスから京都の西陣へ輸入された記録が残っています。その後、複雑な模様を織り込める織機として全国に広まり、現在も織物産地で活躍しています。

ジャカード織機の模様作りは、どんなに複雑なものでも、装置に使う針数を増やし、経糸・緯糸の本数も増やしていけば、理論上は織ることが可能です。これが、ジャカード柄が無限とされる理由です。

ただ、複雑になるほど、費用も時間もかかります。例えば、高級な帯などの一点物は、準備した紋紙や通糸などの装置が1回しか使えませんから、出来上がった織物は非常に高価なものになります。これに対し、もう少し応用が利く模様で、繰り返し使いやすい織物を作りたいと開発されたのが、ドビー（ｄｏｂｂｙ）織機といわれます。

幾何学などの小さな模様を、生地の全面に連続して織り上げるものです。以前に触れたハニカムの蜂巣織りや梨地、アムンゼン、ピケなども、ドビー織機で作ります。さらに、なじみ深いのは、紳士のドレスシャツなどに使うドビーポプリンでしょう。極細の綿糸を使ったものが多く、白1色でも、ストライプや水玉などの模様が微妙に浮き、繊細な光沢が映えますね。

ドビーの名前の由来ははっきりしませんが、英国で「農耕馬、駄馬、回転木馬」を意味するドビン（ｄｏｂｂｉｎ）が、織機のあだ名になったとする説が有力です。ジャカードのように、自由なイメージではないけれども、使いやすい小さな模様を地道に繰り返し織っていく機械には、ぴったりのニックネームだったかもしれませんね。

夏物に、からみ綜絖

特殊な織機で作る紋織物を見てきましたが、夏の衣服に使われてきたからみ織り（ｌｅｎｏ、ｇａｕｚｅ）も変わり織りの一つで、特殊な装置を使います。もじり織りとも呼び、からみ（もじり）組織の総称です。

以前、平織りのところで触れましたが、織物の基本は、経糸と緯糸が直角に交わっていくことでしたね。夏用などに通気性の良い織物を作ろうと思えば、平織りで密度を粗く、甘くすればよいはずです。しかし、普通に糸の間隔を粗くするだけでは、糸が滑ったり、寄ったりして、織物として使えるものにはなりません。

それで、からみ綜絖という特殊な装置を使ったのが、搦み織りです。経糸に「地糸」と「からみ糸」という2種類を使い、互いにからみ合わせながら緯糸を打ち込んでいきます。からみ合った2本の経糸が独特の隙間も作るため、涼しいですし、糸同士がずれる心配もありません。日本では紗、絽、羅など多彩な搦み織りを楽しんできました。

第47話

いたるところに手機あり

織物の彩りを広げる機械

さまざまな織物に触れてきて、それらを生み出す機械の重要性が感じられたかもしれません。ジャカードやドビーなど、新しい機械の誕生が織物の彩りを広げていましたね。

織機はルーム（ｌｏｏｍ）ともいいます。大きな分類では、有杼《ゆうひ》織機と無杼《むひ》織機に分けられます。杼は、シャトル（ｓｈｕｔｔｌｅ）ともいう小船のような形をした器具でしたね。織機が働く際、経糸が上下に開いたところに、緯糸を通して往復運動するのがシャトルです。この重要な機能のある器具の有無が、大きな仲間分けを決めているわけですね。

有杼織機には、手機《てばた》と力織機《りきしょっき》があります。手機は英語でもハンドルーム（ｈａｎｄ ｌｏｏｍ）で、まさに手と足腰など人間の力だけで操作する織機のことです。日本では機《はた》といい、古事記や万葉集にも登場しています。経糸を水平方向にし、織り手が地面や床に座って織り上げる基本形で、古くから世界中で見られます。主に平織りを作っていきます。日本では、腰機《こしばた》や地機《じばた》とも呼ばれる居座機《いざりばた》（ｂａｃｋｓｔｒａｐ ｌｏｏｍ、バックストラップ織機）が今も使われ、越後上布や結城紬などが織られています。

居座機よりも効率が良くなったのが、高機《たかはた》（ｆｌｏｏｒ ｌｏｏｍ）です。綜絖が付いていて、織り手が足踏み板を踏む形で、腰掛けて作業します。

昔ながらの簡単な木製の手機が進化し、動力で織るのが力織機（ｐｏｗｅｒ ｌｏｏｍ）。その代表例が、シャトル織機（ｓｈｕｔｔｌｅ ｌｏｏｍ）です。これは、１７３３年、イギリスのジョン・ケイによって開発されたバネ式の「飛び杼（ｆｌｙ ｓｈｕｔｔｌｅ）」を活用したもので、フライシャトル織機ともいい、日本ではバッタン織機などとも呼びます。

シャトル織機が生んだ産業革命

シャトルは、緯糸をボビンに巻いて収めた小船状の器具でしたね。これを左右に織り手が往復させていくとき、右手で左に送り、左手で受けたシャトルがまた右に送られるわけです。この手作業だと、織り手の両腕で作業できる範囲が効率良く、織物の幅はだいたい1ヤード（約91～92センチ）幅に決まってきた経緯があることも、以前に見ましたね。

つまり、それ以上の、例えば60～62インチ（152・4～157・5センチ）幅などの織物を手作業する場合は、1人では無理で、複数の職人が必要でした。シャトルを往復させるためにです。しかし、飛び杼の装置を使えば、片手で遠くまでシャトルを飛ばせるため、幅の広い織物も短時間で織れるようになりました。

織機の生産性が格段に上がったことで、糸が不足する事態が起こりました。その結果、糸が大量生産できる優れた精紡機が開発され、イギリスの産業革命を大きく回転させていきました。

第48話　少年の夢、世界に羽ばたく

今も長所が重宝、シャトル織機

手機と力織機を見ましたが、少しはしょってしまったところに触れますね。

力織機はシャトル織機が代表でしたが、動力は何だったのでしょう？　もともと馬の力を利用し、1785年ごろにイギリスのエドモンド・カートが開発したとされます。その後、1789年ごろ、蒸気機関が使われ始めました。これらは、バネ式の飛び杼を使った人力織機の3倍以上の生産能力で、繊維産業を推し進めていきました。

さて、現代の私たちの業界でも、シャトル織機の話題を聞くことがありますね。実際には、ものすごく進歩した高速織機（無杼）が主流の時代になっているのに、よく語られる理由は何でしょう？

まず、シャトル織機は動力を使うといっても、人力よりは効率が高かったという水準であり、現代の高速織機に比べれば、簡素な機械です。非常にゆっくり織り上げるため、糸を傷めにくく、空気をはらんで柔らかな織物が作れます。糸の種類も、太いものから細いものまで、あまり限定されない面もあり、アイデアしだいで工夫を施す余地が大きいといえるでしょうか。

そうした点を長所として、デニムや毛織物などを中心に、こだわりの強い生地を求めるデザイナーに愛されています。ションヘル（Ｓｃｈｏｎｈｅｒｒ ｌｏｏｍ、独）やドブクロス（Ｄ ｏｂｃｒｏｓｓ ｌｏｏｍ、英）などが有名ですね。

佐吉の自動織機

これらシャトル織機が活躍したのは、19世紀後半から１９６０年代ごろまでで、その後は高速織機の時代に入ります。

その時代に大きく貢献した人物が、日本の豊田佐吉《とよださきち》（１８６７〜１９３０年）です。佐吉は現在の静岡県湖西市に生まれ、父の大工仕事を手伝いながら、手機の改良に熱中しました。母の機織りを幼少時から見ていたためとされます。独学ながら、１８８７（明治20）年には、飛び杼を備えた織機を完成させました。

これは欧州からの輸入織機を応用したものでしたが、その後も研究を重ね、１８９０（明治23）年に「豊田式木製人力織機」、１８９６（明治29）年に日本最初の動力織機「豊田式汽力織機」

を開発しました。

佐吉は、常に改良と試験とを心がけていました。織機は緯糸が切れると作業が中断してしまいますが、自動でシャトルを補充するものを自動織機と呼びます。当時、欧米にはありましたが、操作が複雑で故障も多い難点を抱えていました。

これらを解消したのが、1924（大正13）年に佐吉が開発した「無停止杼替式豊田自動織機」です。その性能が世界で賞賛され、1929（昭和4）年、トップメーカーだったプラット社（英）に技術供与されました。特許料は100万円と高額で、これを機に日本の繊維機械は世界に躍進し、自動車産業の礎も築かれていきました。

第49話

緯糸は空気や水で通す時代に

織機の基本は3工程

豊田佐吉に触れました。佐吉の開発した「無停止杼替式豊田自動織機」はG型自動織機の愛称で親しまれ、当時、世界一と評価されていました。このG型は2000年6月、ロンドンにオープンした大英科学博物館の地球館に、「世界の産業の発展に寄与した機械」として展示されています。ちなみに、佐吉が生涯で得た特許権は84件、実用新案権は35件あり、日本でも「十大発明家」の一人として讃えられています。

佐吉が少年時代からさまざまな工夫を重ね、織機を改良・改善したように、機械の発展は、いくつもの工程をできるだけ効率化し、労力を省けるよう、いろいろと考えて良い方法を得ようとする努力にかかっています。その積み重ねが技術を少しずつ進歩させていくのですね。決して一足飛びに目新しい技術が生まれるものではないようです。

とくに、織機の基本構造は、簡素な手機も自動織機も変わりはありません。つまり、配列された経糸が上下に開き、その経糸の間に緯糸を通し、筬《おさ》で打ち寄せる、という3工程を繰り返す構造です。この3工程がなければ、織物を作れないというわけですね。その中で、緯糸を通すのに、シャトル（杼）が重要な役割を果たした時代が長くありました。バネ式の飛び杼の大活躍などを中心に、有杼織機を見てきましたが、次は無杼（シャトルレス）

織機のグループです。

杼の代替品で高速化

自動織機は、緯糸がなくなったときに、自動的に緯糸を補給して織り続けられるものでしたね。佐吉のG型が新時代を切り拓きました。無杼織機は、自動織機の基本性能を高め、杼よりも効率の良い代替品で緯糸を通すことができ、かつ高速（ｈｉｇｈ ｓｐｅｅｄ）織機で、現在の主流です。

例えば、杼を投入する代わりに、水や空気の噴射で、緯糸を送り込むジェット織機（ｊｅｔ ｌｏｏｍ）などが、多く使われています。水流によるものがウオータージェットといい、主にポリエステルやナイロンなど合繊の長繊維を織ります。空気の勢いを活用するのがエアジェットで、綿や化合繊の短繊維などに使います。どちらも、現在の産業を代表する高速織機ですね。

　このほか、杼ではなく、長さ9センチくらいの弾丸のようなグリッパーを使うのが、グリッパー織機（ｇｒｉｐｐｅｒ ｌｏｏｍ）です。緯糸を挟み込んだ弾丸が重しとなって、経糸の間を飛んでいきます。スイスのスルザー（Ｓｕｌｚｅｒ）社が有名で、スルザー織機と呼ばれたりします。

　ジェット織機やグリッパー織機よりも生産性は落ちますが、レピア織機（ｒｅｐｉｅｒ ｌｏｏｍ）もよく聞く名前ですね。緯糸を引き込むための、細い導入棒の先端の槍のようなフックが特徴です。両側から導入棒を使って、片方からもう一方へ糸を渡す方法と、１本の導入棒で全幅に糸を引き込む方法があります。

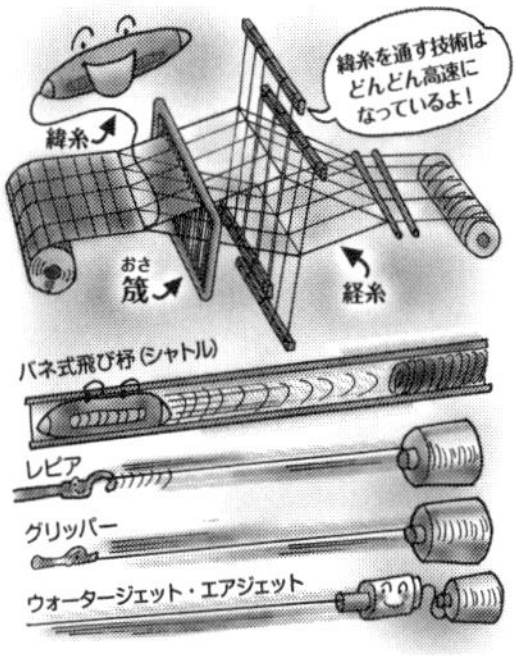

編んで作る衣服・生地

編物

起源は織物より古いとされる編物（ニット）。
ジャージーやカットソーもその仲間です。
日本では莫大小なんて言い方も。

第50話　こしはないけど、長い付き合い

三つのニット

織機の種類など、衣服の素材としての織物にかかわる諸々を、駆け足で追いかけてきました。ここからは、編物に注目していきましょう。布・テキスタイルという大きな世界の中で、「織・編物」とセットにして扱われることが多く、とても重要な布の一つです。

まず、織物と比べて、どんな特徴があるでしょうか。柔らかで、

よく伸び縮みするイメージが浮かぶと思います。これまで見てきたように、織物は織機を使って、経糸と緯糸を直角に交差させていきますから、いわゆる「こし」があり、切ったり、縫い合わせたりする生地として、扱いやすいという長所があります。編物のほうは、1本、または2本の糸でループ（ｌｏｏｐ、編み目）を作ってつなげる構造でしたね。このため、しなやかに体にフィットしますが、くたっとしていてこしがなく、織物のようには扱いにくい面があります。

編物は通常、ニットといいますね。詳しくは、①編む、編んで作る、編み方を意味するニット（ｋｎｉｔ）②編まれた、編物の、の意味のニッテド（ｋｎｉｔｔｅｄ）③編んでいる物、編むこと、編物のニッティング（ｋｎｉｔｔｉｎｇ）があります。つまり、ニットウエア（ｋｎｉｔｗｅａｒ）というのは、セーターやポロシャツなど「編んで作った衣服」の総称です。ニットグッズ（ｋ ｎｉｔｇｏｏｄｓ）という場合は、下着や靴下類などを指す場合が多いです。

このように、編物には、最終製品としてのニットと、布・テキスタイルとしてのニット（ｋｎｉｔｔｅｄ ｆａｂｒｉｃ、編み地）があるのがわかります。少しややこしいですが、私たちが今、テーマにしているのは、織物と両輪をなす布・テキスタイルとしての編み地ですね。

手で結ぶから、機械で編むへ

ニットの歴史はあまり明らかでありませんが、織物より古いと考えられています。紀元前５０００年以前に、エジプトに存在していました。紀元前２０００年代のインカ文明でも発掘されています。このほか、中近東やスカンジナビア半島などにも見られました。

人類はもともと、樹皮や草の茎などを材料に、網や籠などを製作していたと見られます。それらは衣類に使うニットというよりも、硬い素材を使った「組み物」のようなもので、その後、糸やひもが使われながら、現在のニットに近づいてきたようです。ただ、その段階でも、編むというより「結び目」によって、糸やひもで結んだり、つないだりする技術で、本格的なニットが西欧に登場するのは8世紀以降です。

本書の冒頭で、素材は機械が決め手と話しました。最終製品の形で使えるニットは、ひも状の素材を人類が自らの手で組んだり、編んだりした時期が長く

ありました。そのため、織機で作り（織機でしか作れない）、生産性の高い織物技術が発展する中で、しばらく脇役になっていました。

第51話 主役は絹の靴下から

ルネサンスとともに

ニットは、手編みの歴史が長い半面、機械化という点で織物に遅れをとったことがわかりましたね。布・テキスタイルとしての編み地（ニットファブリック）は、織物に比べると若いともいえます。その歴史をもう少し見てみましょう。

西欧にニットが本格的に登場したのは、8世紀以降です。伝わり方には大きく2ルートあります。一つが、8世紀にアフリカのベルベル人（ムーア人ともいう）などのイスラム教徒が、イベリア半島を征服して伝えたもの。ただ、これはスペインに局地的にとどまったと見られています。もう一つが、11～13世紀の十字軍の遠征によるもので、中近東のイスラム世界のニット技術がイタリアにもたらされました。技術としては、まだ手編みです。ここでニットは大きく花開き、14～16世紀のルネサンスとともに広く欧州に広まっていきました。

このときの主役は、靴下です。それまで、織物で作られていた靴下が伸縮性に富むニットへと変わっていったのです。とくにイタリアとスペインが、絹の靴下の生産大国として栄えました。文献では1527年8月16日、フランスで靴下類編物職人組合というギルドの設立勅許状が残っており、この少し前からニット靴下が商業生産されていたと考えられます。

靴下編みを機械化したのは、英国人のウイリアム・リーです。

１５８９年のことでした。当初は職を失うことを恐れた職人たちに妨害されたものの、機械化は進み、英国はニット大国へと歩み始めました。製品も靴下だけでなく、手編みを含めたセーター類など一般の衣服が増えていきます。

製品を作る編み、布地を作る編み

では、編み機と編み地・製品の関係を整理しますね。まず、大きく２分類できます。緯《よこ》（ｗｅｆｔ）編み機と経《たて》（ｗａｒｐ）編み機です。

　このうち、緯編み機には、靴下編み機や丸編み機など「円型（ｃｉｒｃｕｌａｒ）編み機」と、

いわゆるニットらしい製品（セーターやカーディガンなど）を作る横編み機を指す「平型（flat）編み機」があります。靴下も、横編み機によるニットも、最終製品ですね。

この中で、丸編み機で作るものが丸編み地であり、ジャージー（jersey）と呼んでいます。ジャージーについては後でまた触れますが、Tシャツをはじめとするカットソー製品になる編み地（布・テキスタイル）であると覚えていてくださいね。

緯編み機に対する、もう一方の経編み機には、トリコット編み機（tricot machine）、ラッセル編み機（raschel machine）、ミラニーズ編み機（milanese machine）などがあります。これらの編み機で編んだものは、すべて経編み地ということになります。経編み地は、丸編み地に比べて織物に近い「こし」が少しあり、布地としてややしっかりした点が特徴です。

第52話　英国海峡の島が育んだ大輪

ジャージー島のバイキング

編み機は大きく2種類に分類できました。一つが緯（weft）編み機で、ここに円型（circular）編み機と平型（flat）編み機が含まれましたね。円型編み機の中に、丸編み機（circular knitting machine）と靴下編み機がありました。丸編み機で編むのが、丸編み地（circular knit）で、ジャージー（jersey）とも呼びます。

ジャージーという呼び方は、テキスタイルの世界ではだいたいどこでも通用します。フランスやイタリアでは、「ジェルシー」というような発音で、カットソー製品を作るための生地として、誰もがわかる言葉となっています。日本では、スポーツウエアの一つをジャージーとも呼び、少しややこしいので、その点はまた後で触れます。それにしても、丸編みやサーキュラーニットで済む単語が、なぜジャージーとして広まったのでしょう。

それは、英国のジャージー（Ｊｅｒｓｅｙ）島から名付けられました。英国海峡の南、フランスのノルマンディー半島とブルターニュ半島に囲まれたサンマロ湾に浮かぶチャンネル諸島の中で最大の島です。この辺を10世紀に占拠したノルマン人（バイキング）はニットの技術を持っていました。一方で、地中海方面で力を誇っていた同族のノルマン人が、アラブ人から導入していた高度なニット技術を再導入し、独特の編み模様のセーターなどを15～17世紀に完成させました。

このセーターを着て、英国本土からアイスランド、カナダなどまで漁業に出かけました。各地に自分たちのニットの技術を伝え、その一つがアイルランド・アラン諸島のアランセーターになったといわれています。

社交界の名花

もともと、ジャージー島を含むチャンネル諸島は草が豊富で、羊や牛の牧畜も盛んだったことが、毛糸やニット作りの土壌となりました。このため漁業だけでなく、毛糸の販売なども多か

ったようで、ジャージーという言葉は英国で16世紀から「太い毛糸の」という意味で使われ、19世紀から毛糸で編まれた「セーター」「ニットウエア」の意味となりました。

これが、編み地の意味を持つようになったのは、エミリー・シャーロット・ル・ブレトンという女優のためという説があります。1852年にジャージー島に生まれた彼女は、30歳でロンドンの舞台女優として登場、ニューヨークでも活躍しました。女優としてだけでなく、「社交界の名花」とうたわれました。通称はジャージー・リリー。出身地のニットをよく着たことでも知られました。そのため、セーターをはじめとするニットウエアのほか、ニット生地までジャージーと呼ばれるようになったとされます。

編み機を生んだ英国がニット大国として発展するには、バイキングの影響もあったのですね。美しい大輪の花の名も残り、私たちが使っているようです。

第53話 大にも小にもよく似合う

莫大小のナゾ

ジャージー（ｊｅｒｓｅｙ）というのが当たり前になるまで、日本で使われていた言葉に「メリヤス」があります。肌着に代表されるニット製品全般から編み地まで、広くニットを指します。「莫大小」という漢字を当てていて、面白い言葉としても知られています。江戸時代に外来語として伝わり、１９６５（昭和40）年ぐらいまでの長い間、親しまれていました。

莫大小と書いてメリヤスと読ませるようになったのは、19世紀初めのようです。1826（文政9）年の『諼草小言《けんそうしょうげん》』（小宮山昌秀）や1842（天保13）年の『三養雑記《さんようざつき》』（山崎美成）などの随筆集に出ています。主に長手袋を例にとって説明していて、手や腕の大小にかかわらず、どちらにもよく似合うためだとしています。大小兼用、フリーサイズというわけですね。

莫大小と表記され始めるまでは、カタカナやひらがなのほか、「女里彌寿、目利安、女利安、女利夜須、女量彌寿」などと書かれていました。最も古いと見られるのは、1616（元和2）年に土佐に漂着した南蛮船の積み荷目録の中にある「めりやす三足」の記載。少し後になると、いろいろな書物に登場します。1691（元禄4）年の去来・凡兆の俳諧七部集『猿蓑』には、「かきなぐる墨絵おかしく秋暮れて、はきこころよきメリヤスの足袋」があります。

西欧では靴下、日本では多様に

足袋の表記にうかがえるように、南蛮船が持ち込んだのは、靴下です。ニット靴下はスペインやイタリアが生産大国になっていましたよね。日本に入ってきた当時、靴下はスペイン語でメディアス（ｍｅｄｉａｓ）、ポルトガル語でメイアス（ｍｅｉａｓ）と呼ばれており、それがなまってメリヤスになっていきました。

語源をたどると、ラテン語のメディウス（ｍｅｄｉｕｓ）に行き着きます。意味は「中間の、中央の」です。なぜ、「中間の」の意味が、靴下を表すことになっていったのかは定かでありません。ただ、引っ張れば大きく

なり、緩めれば小さくなる。また、大でも小でもない中間のものというような捉え方は、日本語で後に「莫大小」の文字を当てたのと同じですね。

メリヤスが日本で内製化されたことは、1719(享保4)年の文献に残っています。長崎・出島の南蛮人が、靴下を補給するため、遊女に編み技術を教えたのが始まりのようです。

ただ、日本ではまだ靴下をはく文化はなかったので、手袋をはじめとして、刀の柄や鍔《つば》袋、巾着、襦袢などのメリヤス製品が生産されていきます。とくに手袋は、素手で鉄砲を扱うとさびやすいということで、足軽鉄砲組の必需品となりました。需要の拡大に伴い、下級武士の内職に発展し、藩士の殖産事業として手編みを奨励した藩も多くありました。

第54話　靴下・下着から、衣服へ

技術と生地の革新の象徴

カットソーについて少し見ていきましょう。今や、どこでも通用する言葉ですね。これまで見てきた丸編み地（circular knit）、ジャージー（jersey）と深いつながりのある商品です。

カットソーは本来、カット・アンド・ソーン（cut and sewn）といい、それが略されてきました。意味は「布を裁断して縫製すること、そうして作った服（製品）」です。「どんな服だって、そのように作るのでは？」という疑問がわきますが、通常は、よく伸び縮みする丸編み地を使って服にした場合のみ、カットソーと呼んでいます。つまり、織物で作った服はカットソーではありません。カジュアルなTシャツやパーカのほか、最近はジャケットやロングスカートまで種類が広がりましたね。

では、もともとカットソーは何と区別する言葉だったのでしょう。織物で作る衣服ではなく、むしろ伝統的なニット製品です。人類の歴史の中で、棒などを使いながら手で編む仕事は、織物を作るよりも歴史が古く、身近なことでしたね。それは、一人ひとりの体に合わせた1着を作る歴史でもありました。その後、丸編みという編み地を裁断し、大量の服作りが可能な時代になって初めて、カットソーという言葉が生まれたわけです。とくに、日本では、メリヤス肌着などと差別化し、外衣をカットソーと呼ぶようになったといえます。

つまり、カットソーは、ある意味で、革新的な商品を表していた時代があるわけです。それは同時に、生地として使われたジャージーの革新性も意味していました。1着ずつ作る横編み機よりもずっと速く、低コストで衣服を作ることのできる利点があったためです。織物と比べても速く作れ、小回りも利くため、重宝されてきました。

シャネルから女性たちへ

このジャージーとカットソー製品を世界に最初に知らしめたのは、おそらく誰もがその名を知るデザイナー、シャネル（G

abrielle Chanel、1883〜1971年)でしょう。

彼女を有名にした代表作の一つが、ジャージードレスです。当時、男性の下着などにしか使われていなかったジャージー(日本のメリヤス肌着ですね)を、着心地が良く、シンプルで無駄のないドレスに仕立てたのです。羽飾りなどが満載で、ウエストをコルセットで縛るドレスが主流だった時代に、どれほど斬新だったことでしょう。

第1次大戦(1914〜18年)で男性が戦地にとられ、さまざまな仕事をこなさなければならなかった女性たちに、動きやすくデザインされたドレスが一気に受け入れられたことも想像がつきます。不穏な時代にあっても、新しいドレスで窮屈さから解放され、前を向けた女性たちも多かったに違いありません。今からほぼ100年前のことですが、これからも色あせることのない物語ですね。

第55話 天竺やゴム、真珠も基本？

丸編みの三原組織

丸編み地には、基本的な編み方である三原組織があります。織物にも、平織り、綾織り、朱子織りの三原組織がありましたね。丸編みの場合は、平編み（天竺編み、メリヤス編み）、ゴム編み（リブ編み）、パール編み（ガーター編み）といいます。

これらは、1着1着を体に沿って編み上げる横編み機でも、手編みでも同じ組織です。ニットの区分として、丸編みと横編みが「緯編み」という機械の仲間であることに以前、触れました。緯編み機は、編み目（ｌｏｏｐ、ループ）を横方向に連結して生地を作っていく点で共通しているため、基本的な編み組織も共通するのですね。

これに対して、もう一方の機械の種類である「経編み」は、かぎ針を使って隣同士のループをところどころからませて縦方向に鎖状に編んでいきます。経編みの三原組織はデンビー編み、アトラス編み（バンダイク編み）、コード編みといいます。

「Ω」と「V」

では、緯編みの基本形、平編み（ｐｌａｉｎ ｓｔｉｔｃｈ、ｊｅｒｓｅｙ ｓｔｉｔｃｈ）から見ていきましょう。

三原組織の中でも最も簡単な編み方で、編み地の表面にだけV

の字の形をした目が現れます。逆に、裏面には「Ω」の形の目が畝《うね》となって現れ、表と裏の見え方がまったく異なるのが特徴です。生地の端が表面のほうに、まくれやすい性質（カーリング）もあります。伸縮性は、縦よりも横方向に大きく、また薄く、編みやすいので、下着や靴下、Ｔシャツなど汎用性の高い編み地です。最も多くのアイテムに使われている組織といえるでしょう。

次に、ゴム編み（ｒｉｂ ｓｔｉｔｃｈ）です。リブ編みという言い方のほかに、畦《あぜ》編み、畝編みとも呼びます。最近では、丸編みでカットソーに使うときの「フライス」（ｃｉｒｃｕｌａｒ ｒｉｂ ｆａｂｒｉｃ、ｆｒａｉｓｅ ｋｎｉｔ ｆａｂｒｉｃ）の呼び方が有名かもしれま

せんね。平編みに比べて生地が少し厚めで、また生地端がカーリングしにくく、裁断しやすいので、使いやすいからです。とくに、フライスを二重にしたダブルニットは、カットソー製品に使う生地の主流となっています。組織としては、表面も裏面も、平編みの表面のようなVの字が縦方向に連なって見えます。

このように、編み目の列・畝が縦に進むことを、ウエール（wale）といいます。逆に、横方向の畝はコース（course）です。先に見た、平編みの裏面のΩ形からなる畝は、コースということですね。

この平編みの裏目に似ているのが、パール編み（pearl stitch）です。横方向にΩ形の編み目が現れ、外観は表も裏も同じです。構造としては、表目と裏目を交互に縦方向に連結させ、表目のコースと裏目のコースを組み合わせています。両頭編み（links and links）ともいいます。

第56話

「新感覚」シャツに鹿の子現る

鹿の子とポロ

前回、丸編みの三原組織を見ましたが、この基本形と同じくらい有名なものに、鹿の子編みがあります。ポロシャツでおなじみの生地ですね。

構造としては、平編みとタック編み（引き上げ編み）を組み合わせたものです。ポツポツとした斑点のような凹凸があり、小鹿の皮の感じに似ているために名付けられました。これを英語ではモスステッチ（ｍｏｓｓ ｓｔｉｔｃｈ）、苔《こけ》編みともいいます。一般には、平編みよりも地厚になりますが、微妙な凹凸を表面に作るおかげで、通気性があり、涼しく着られます。

鹿の子編みといえば、ポロシャツ（ｐｏｌｏ ｓｈｉｒｔ）というくらい、その生地とアイテムは切っても切れない間柄です。ポロシャツは丸編み地を使うカットソーの代表的なアイテム。その成り立ちも面白いので、見てみましょう。

文字の意味からすると、「ポロ競技者が着るシャツ」ですが、実態としてはフランスで考案された「テニス用シャツ」が始まりです。さらにややこしいのは、これをいち早く着たのが、当時の英国のポロ競技者だったこと。そのため、ポロシャツという名前になったのですね。

ちなみに、ポロ競技はインドのムガル帝国で盛んでした。17世紀に英国がインドを支配し始め、競技も取り入れたのですが、英国での初期のポロに決まった服装はありませんでした。つまり、フットボール（サッカー）やクリケットなどのシャツと変わりなかったのです。ただ英国は、以前に見たように、ニットが発達したので、丸首やタートルネックのプルオーバーも多くありました。その後、襟が風にあおられないボタンダウンカラーが、ポロ競技用の代表的なシャツの一つになっていきました。しかし、20世紀に入って新感覚のニットシャツとして「テニス用シャツ」が登場し、他に先駆けてポロ選手たちが着たのでした。

ラコステが考案

この新感覚のテニスシャツであり、現在のポロシャツの原型を固めたのは、フランスを代表するテニス選手だったルネ・ラコステ（René Lacoste）です。

　彼は、吸湿性に加えて、風通しが良くて熱も発散しやすい鹿の子編みに着目します。それを使い、折り襟、短冊型の前開きに二つボタン、裾に小さな切り込みを入れるなどのデザインを考案し、ニットやカットソーに長じた英国で作らせました。そして１９３３年、彼のニックネームだったワニのマークを胸元に入れ、自らの名前を商標に、発売しました。これがテニスシャツとして普及し、スポーティーな街着としても着られるポロシャツの定番となりました。

　ポロシャツという英語の文献初出は１９２０年ですが、この当時はまだ「ポロ競技者が着るシャツ」の意味で、現在のポロシャツは指しませんでした。

第57話　ニット製品から消えた縫い目

フルファッションの縫い目

カットソーの大事な素材である丸編みを見てきました。カットソーの対語になるのが、フルファッション（full-fashion）です。

人の体に合うように、編み目を増やしたり、減らしたりして編み上げた（成型編み）製品を指すからです。セーターなら、正しくはフルファッションドセーター（full-fashio ned sweater）となります。本来は、ストッキングを、脚の曲線に合わせて編み上げたフルファッションドホーズ（full-fashioned hose）として、この呼び方が19世紀から使われていました。これは、脚の後ろ側で閉じ合わせるタイプで、いわゆるシーム（縫い目）があり、日本では「フルファッション」という呼び方で広まりました。そのため、ストッキングでも、セーターでも、それらを編む機械はフルファッション編み機と呼びます。

フルファッション編み機は、緯編み機の一つです。緯編み機には、平型編み機と円型編み機があり、編み地の三原組織なども一緒でしたね。その平型編み機の中に、横編み機と、その応用ともいえるフルファッション編み機があります。

横編み機の原理は、家庭用の手編み機と同じです。往復運動をしながら、1着分ずつ編み上げるものが大半です。コンピューターで模様を作るジャカード編みなど、さまざまな変わり編みもあります。これらは、身頃や袖などパーツごとに編み、リンキング（かがり合わせ）して製品として完成します。フルファッションストッキングで見たシームも、そうした跡でしたね。

日本が生んだホールガーメント

こうして、ほとんど製品に近い状態のものを編み上げられる成型編みに、緯編み（横編み、丸編み）の特徴があるのですが、最終的にリンキングという作業がありました。この作業も完全になくしてしまったのが、無縫

製ニットです。

　無縫製ニットは1995年、日本の島精機製作所が開発しました。無縫製編み機「ホールガーメント（WHOLEGARMENT）」は同社の商標です。リンキングによるつなぎ目が一切なく、「当たり」が出ずに、滑らかで着心地の良い製品が得られます。ニットならではの伸縮性が阻害されないため、フィット感も高まり、美しいシルエットが作りやすいことも特徴です。同時に、コンピューターで多様な模様を出せる装置と連動し、デザインから設計、生産までの時間も大幅に短縮しました。

　編み機の進化とともに、製品も、より多様になっています。もともと、ニットは織物に比べて柔らかで伸縮性があり、ドレープ性に富むのも特徴ですね。ただ、型崩れしやすいという弱点もあります。一方で、成型編みはできないものの、型崩れしにくいニットに、経編みがあります。

第58話　拡大解釈されたジャージー

トリコとニット

成型編みはできないけれども、織物に近い特性があり、縫製しやすい編み地が、経編み（warp knitting、ワープニット）でしたね。縦にループを連結させて作るため、横方向にあまり伸縮しませんが、その分、安定した生地ができます。経糸を整える整経の工程があるところも、織物と同様です。女性のランジェリーやガードル、昔からスキーパンツなどに使われています。

経編みには、機械の種類によって、トリコット（ｔｒｉｃｏｔ）、ラッセル（ｒａｓｃｈｅｌ）、ミラニーズ（ｍｉｌａｎｅｓｅ）があります。機械と編み地は同じ名前です。

最も代表的なものが、トリコットですね。その基本的な組織がデンビー編み（ｄｅｍｂｉｇｈ ｓｔｉｔｃｈ）で、トリコットといえば、ほとんどこの編み地を指すほどです。とても目が細かく、緻密に編むことができ、経編みの平編み（メリヤス編み）とも呼びます。

さて、トリコットには、フランス語の「トリコ」（ｔｒｉｃｏｔ）が入っています。フランス語のトリコは編み地と編物製品の総称で、英語の「ニット」（ｋｎｉｔ）に当たります。このため、フランス語でトリコットといいたいときには、「トリコ・シェーヌ」（ｔｒｉｃｏｔ ｃｈａｉｎｅ）となります。ちなみに、シェーヌは「鎖、経糸」という意味です。

このフランス語のトリコが英語のトリコットとして、経編みの一種に限定されることになった経過はよくわかっていません。おそらく、英語には編物を指すニットが存在していたため、後に新しい編み機が登場したことで、限定的に呼ぶようになったのではないかと思われます。これは、1775年、英国のエドモンド・クレーンが経編み機を発明したことと関係がありそうです。ただ、開発は英国のマーチ、オランダのバンダイクなど諸説ありますので、今後、何かわかるかもしれませんね。

日本では経編みも緯編みも

経編みと丸編みの差異につい

て、わかりやすそうなジャージー（ｊｅｒｓｅｙ）の話をしましょう。ジャージーは、これまで丸編みという生地の意味で見てきましたが、日本では運動着としてのジャージーもありますよね。

これは20世紀初め、ニュージーランドのカンタベリー社が「ラグビージャージー」として発売した独自のニットシャツのヒットがきっかけとされます。ジャージーを基本に、襟を織物にするなどしたシャツで、世界中に広まり、とくにフットボール関係のニットシャツがジャージーと呼ばれていきました。日本では拡大解釈され、体育衣料の全般を指すことになりました。

これは日本だけの限定的な使い方です。それだけ日本ではなじみ深いジャージーですが、１９９０年代からストリートファッションとしても定着した欧州スポーツブランドの運動着は経編みです。つまり、丸編みでないものも、日本ではジャージーと呼ぶようになっているわけです。

レース

編み、結び、組む

不変の人気を誇るレース。
華やかな印象ですが、シンプル系も存在します。
織物、編物、組み物などすべての接点がレースです。

素材いろいろ物語

第59話

あらゆる布と重なるレース

だからレースは難しい

これまで、テキスタイル（布）の中で大きな割合を占める、織物と編物（編み地）を見てきました。服に使う布という意味では、レース（ｌａｃｅ）も重要なテキスタイルですね。今春夏（２０１６年）もトレンド素材として活躍しています。ここからはレースに触れましょう。

まず、レースとは何か？　ということですが、簡単にいうと「透けた目のある生地」の総称です。

糸を撚り合わせたり、織ったり、編んだりして、さまざまな糸の組み合わせで部分的に透けた布に仕上げたもの、ということになります。一般には、豪華で装飾的な模様のものをレースと思う方も多いかもしれませんが、糸の結び方などを工夫して作るネットやチュールのようなシンプルなものも、レースの範疇《はんちゅう》に入ります。

つまり、レースは織物や編物、組み物、その他の生地と並列するものではなくて、それらすべてと重なり合う点に一つの特徴があります。後で詳しく話しますが、レースには織物もあれば、編物もあるわけです。

したがって、レースは古来から世界各地で各種各様の技法があり、種類や名称も膨大にあります。これが、レースを難しく感じさせる理由かもしれませんね。

編みのクロシェ、結びのマクラメ

歴史も古く、少なくとも紀元前２０００年ごろのエジプトにはすでに存在し、13世紀ごろに現在のレースの形が作られるようになったといわれています。

織物や編物を見る際に、テキスタイルは機械がポイントとお話ししました。レースも、機械と作り方が重要です。ただ、数少ないながらも、手仕事による物作りが生きているテキスタイルでもあります。そうしたレースを、「手工レース」と呼んでいます。これに対し、世界のファッション市場で使われている、大半のレースが「機械レース」です。

手工レースの代表例は、今春夏も注目されているクロシェレース（ｃｒｏｃｈｅｔ ｌａｃｅ）やマクラメレース（ｍａｃｒａｍｅ ｌａｃｅ）がありますので、イメージしやすいでしょう。

クロシェは、「かぎ針、かぎ針編み」を指し、クロシェレースは「かぎ針編みレース」を総称します。レース編みを代表するもので、鎖編みや長編みなどの方法を組み合わせています。もともと、エジプトのコプト人によって作られたとされる歴史があり、19世紀にはアイルランド製やウィーン製がヨーロッパ中で人気になりました。

編みのクロシェに対し、マクラメは「結びレース」といえるもので、針などを使わず、糸やひもを結んだり、巻いたりして作ります。幾何学的な模様が多いのが特徴です。最も古いレースともいわれ、織物の端がほつれないよう、糸を束ねて結んだ「房」がさまざまな飾りに応用されながら発展してきました。

第60話

懐かしい糸巻きレースは多様に

型紙で作る組みレース

昔ながらの手工レースをいくつか見てきました。手仕事のレースで有名なものに、ボビンレース（ｂｏｂｂｉｎ ｌａｃｅ）があります。ボビンとは、糸巻きの意味です。ミシンなどでも使われて身近ですから、形状は異なってもどんな道具かは見当がつきやすいですね。

まず、クッション状のものの上に図案を描いた型紙（紋紙）を置きます。紋紙をいくつものピンで固定し、それに従って細長い糸巻きの糸を引っ掛けたり、からめたり、組んだりしながらレースにしていきます。そのため、「編みレース」「結びレース」に対し、「組みレース」として区分されています。

大きめの針山のようにも見えるでしょうか。クッションを枕に見立てて、ピローレース（ｐｉｌｌｏｗ ｌａｃｅ）とも呼ばれています。ヨーロッパの各地で作られてきたレースで、アンティークレースの代表の一つと位置づけられています。膨大な時間はもちろん、高度な技術が必要です。「糸の宝石」の一つとして称えられた時代があるとも伝えられています。

トーションは敬意の表れ

こうした技術は、母から子へと静かに引き継がれつつも、機械化されて世界的に使われています。それがトーションレース（torchon lace）です。西欧では今もマシンボビンレース（machine bobbin lace）とも呼びます。懐かしさや敬意もあるのかもしれませんね。

トーションとは、もともとフランス語です。torchon（トルション）とは「雑巾、ふきん」などの意味で、やや目が粗く、幾何学模様などシンプルな模様を捉えて呼んだのかもしれません。似たような意味合いの「乞食のレース」（beggar's lace、ベガーズレース）や「農民のレース」（peasant lace）なども同意です。バーバリアンレース（Bavarian lace）といういい方もあり、これは産地の一つであるドイツのバイエルン地方から名付けられています。

イタリアのトーション地方にちなんだ名前という説もあります。ただ、そうした地名はイタリアにはこれまでになかったという説などもあり、フランス語のトルションからと見てよさそうです。

いずれにしても、それほど西欧各地で愛されてきたボビンレースから生まれたレースであることがわかりますね。使いやすい細幅のレースで、縁飾りなどに重宝されています。生地の幅は最大で20センチほど。そのため、服の身生地などではなく、パーツとして使われることがほとんどです。

トーションレース機は、円形の機械の円周上にボビンを立て、中央で糸を引っ張りながら交差させていきます。現在では、ジャカード装置を組み合わせ、多様な模様ができるのはもちろん、ストレッチ入りを含めて使う糸も多様になっています。

第61話

貴族ファッションで大流行

刺繍から生まれたレース

糸レースの中でも、ボビンレースとともに代表的なものが、ニードルレース（needle lace）です。ニードルポイントレースとも呼び、縫い針（ニードル）と糸で作り上げていきます。

ボビンレースが組みひもの技術がベースであるのに対し、ニードルレースは刺繍の技術から生まれた点に特徴があります。布に刺繍した後に、刺繍糸を残して、布を切り抜いたり（cutw ork、カットワーク）、布を構成する糸を抜いたり（drawnwork、ドロンワーク）して、当初は作ったからです。イメージとしてはちょうど、シャツなどにボタンホールステッチをするように模様を刺していって、穴を抜くという感覚ですね。

そうした初期のニードルレースが、レティセラ（reticella）です。イタリア語で「小さな格子」を意味し、16世紀初めにベネチアで生まれたとされます。基布の織り糸を部分的に抜いて透かし、格子や円など幾何学調の模様を浮き上がらせます。非常に複雑で繊細、手の込んだレースで、王侯貴族のものでした。

当時、貴族たちの装いにはひだ襟が欠かせず、レースは重要なテキスタイルとなりました。ニードルレースのベネチアと、ボビンレースのフランドル・アントワープ周辺が大産地です。両都市とも印刷技術に長じ、レースの図案集も出版してヒットさせ、欧州全域に地元のレースを広めていきました。

フランスの意地

貴族のファッションとともにレースの技術が伝播・発展する中で、まったく基布を使わないニードルレースが作られていきました。まさに縫い針と糸のみの技術の最初の完成形。17世紀に入ってベネチアで誕生したプント・イン・アリア（puntinaria）です。「空気に向かって縫う、空気に刺して作る」といった意味で名付けられました。イスラム文化の影響がうかがえる草花などの模様が特徴です。

17世紀はバロック様式が欧州全域を風靡《ふうび》し、男性も華美な装飾を好みましたから、レースは存在感を増していきました。美と権力を象徴するレースは、あこがれの対象であると同時に、国力にも影響を与え始めます。レースの技術が乏しく、輸入品を多く買っていたフランスでは、ルイ13世がレース禁止令を出しました。しかし、それでレース熱が収まることはなく、ルイ14世の時代には財務総監のコルベール（1619～1683年）が、国営のレース工房を複数、設立しました。コルベールはベネチアの職人たちをスカウトし、一方、ベネチア側も優秀な職人の流出を食い止めようと策を練った記録が残っています。

必死の攻防と国産品の奨励とで、フランスはベネチアを超えるといわれるレース大国に成長、ニードルレースの最高峰とされるポワン・ド・フランス（point de France）を生み出しました。

第62話

祈りの手仕事、豪華絢爛に

1メートルで金を上回る価値に

17世紀後半、ポワン・ド・フランス（point de France）を作り上げたフランスは、レース産業の強国として君臨します。レースは競争力のある輸出品として外貨を稼ぎ、パリは芸術の都としても発展、18世紀に入ると、甘く華やかなロココ様式を生み出しました。

バロックの時代、男性の富や権力を象徴して広がったレースは、優美で曲線的なロココの流行のなかで、女性のファッションにとっても重要なアイテムとなっていきます。ドレスの袖口の装飾をはじめとして全身に多用され、重めのニードルレースよりも軽く使えるボビンレースが重宝されていったのです。

王侯貴族の男女から愛されたレースは、非常に高価なものでした。当時、レース1メートルの価格は、それを作る職人の年俸を上回ったとさえいわれます。一説には、同じ重さの金の価値を超えていたともされるほどで、まさに贅《ぜい》を極めた製品だったといえるでしょう。

このころは、以前に触れたように、リヨンの絹織物も旺盛に作られ、フランスのテキスタイル産業の輝かしい時代でもありました。とりわけ、ルイ16世の王妃、マリー・アントワネット（1755〜1793年）は、豪華なシルクやレースを身にまとったことで知られます。そのため、この後に起こったフランス革命では、レース産業も攻撃を受けることになりました。

フランス革命を引き金に、他の国のレース産業も衰退、その間にイギリスがレースの機械化に成功します。産業革命ですね。こうして、手工レースの時代が終息し、現代に続く機械レースの時代へと入っていきます。

祈りを形に

では、機械レースの発達を見る前に、言葉のおさらいをしておきましょう。ニードルレースの技術的な確立を促したプント・イン・アリア（ｐｕｎｔ ｉｎ ａｒｉａ）や、その最高級品となったポワン・ド・フランス（ｐｏｉｎｔ ｄｅ Ｆｒａｎｃｅ）などで見たように、イタリア語のｐｕｎｔとフランス語のｐｏｉｎｔは同じ意味です。英語のステッチ（ｓｔｉｔｃｈ）に当たります。「ひと針、ひと縫い、ひと編み、ひとかがり」という基本的なことから、「縫い目、編み目、縫い方、編み方」まで、ファッションの物作りの世界ではとても広い内容を含みます。

手仕事のレースが、ひと針ひと針を大切にしながら、長い時をかけて世界各地で発展してきた様子は、日本でも知ることができます。代表例が、唐招提寺の名宝の一つ、方円彩糸花網《ほうえんさいしかもう》です。鑑真和上（688～763年）が持って来られた白瑠璃舎利壷《はくるりしゃりこ》（仏舎利を収めるペルシャ製ガラス壷）を包んでいた編みレースと考えられています。中国・唐の時代（8世紀）のものとされ、現存するレースでは最古です。祈りを形にしたような、ひと針ひと針を見る思いがしますね。

第63話

海を渡って、今なお続く技

英国で機械レースが台頭

今春（２０１６年）、ラグジュアリーブランド「シャネル」がフランスのレースメーカーと資本提携するというニュースが流れました。シャネルは自分たちの物作りに欠かせないテキスタイルや伝統技術の保護・継続を目的に、さまざまな工場や工房を支援していることで知られています。今回も、「フランスのレース産業を強化するため、またカレー（Ｃａｌａｉｓ）とコードリー（Ｃａｕｄｒｙ）が誇るレースの歴史を永続するため」と表明しました。

このカレーとコードリーは、フランス北部・パドカレー地方の都市です。まさに、フランスの機械レース産業は、英仏海峡に面したカレーから始まり、この地方は今もなお世界で知られる産地であり続けています。とくに、チュールレース（ｔｕｌｌｅ ｌａｃｅ）やリバーレース（Ｌｅａｖｅｒｓ ｌａｃｅ）が有名です。

前回まで見てきたように、フランス革命や産業革命を経て手工レースの時代は終わりを告げ、機械レースが台頭します。その舞台はイギリス・ノッティンガム（Ｎｏｔｔｉｎｇｈａｍ）でした。組みひもの技術をもとに、手で撚りながら作るチュールの機械化に成功したのがジョン・ヘスコート（Ｊｏｈｎ Ｈｅａｔｈｃｏａｔ）で、１８０８年のこと。ボビネット（ｂｏｂｂｉｎｅｔ）機として広まりました。美しく均一な六角形の目が連なるもので、チュールネット（日本では亀甲紗《きっこうしゃ》ともいいます）とも呼ばれていきます。

その後、1813年にジョン・リーバース（John Leavers）がリバーレース機を開発しました。これで作るのが、今も機械レースの最高級品とされるリバーレースです。

技術の掛け算

機械化で先行していたイギリスでしたが、フランスの保護貿易政策などに阻まれて、レースの輸出はなかなか広がりませんでした。王侯貴族が顧客だった手工レースに比べれば、より幅広い層に愛用されたとはいえ、それでも繊細な高級品であり、市場が拡大しなければ生産者は立ち行きません。もちろん、イギリス政府は、ボビネット機の輸出を禁じていました。

こうした中で、フランスに渡った職人たちがいました。機械の持ち出しはできなくても、技術者たちが海峡を挟んですぐのカレーに移住したことで、チュールの生産が始まりました。１８１６年のことといわれています。そのころはフランスが世界に誇るジョセフ・マリー・ジャカール（Ｊｏｓｅｐｈ-Ｍａｒｉｅ Ｊａｃｑｕａｒｄ）によるジャカード機がすでに開発（１８０１年ごろ）されており、技術の掛け算ともいえる相乗効果で、フランスの機械レース産業は複雑で多様な模様を次々に生み出し、輝かしく発達していきました。

華麗なリバーレースは、使う糸が１万本以上で、機械レースの中で群を抜いて多く、低速で作ります。今は日本の栄レースが世界一の生産を誇ります。

第64話

なじみ深い生地レースの軌跡

機械レースいろいろ

前回、機械レースの最高級品、リバーレースを見ました。もともとは組みひもの原理をもとに、糸を撚り合わせた機械で、複雑で繊細な柄を出せるのが特徴でしたね。このリバーレースを、より手ごろな価格にするために開発されたのが、ラッセルレース(raschel lace)です。

ラッセルレースはラッセル編み機で編むから、ラッセルレースです。経編みであり、リバーレースの半分に当たる約５０００本の糸を使います。高速で大量に編めるため、相対的に安価になります。ストレッチ糸も編み込めるため、ブラジャーやガードルなどの女性用のファンデーションの装飾にも活躍しています。最近では、技術が発達し、リバーレースに見まがうほど凝った模様もできるようになり、「ラッセル・リバー」とも呼ばれます。

機械レースで欠かせないものに、大型のエンブロイダリーレース機で刺繍を施すエンブロイダリーレース（ｅｍｂｒｏｉｄｅｒｙ ｌａｃｅ）があります。刺繍レースのことで、非常に多くの手法があり、用途も多様です。その一つが、生地レースです。生地の全面に透かしの模様や刺繍が連続しているもので、オールオーバーレース（ａｌｌｏｖｅｒ ｌａｃｅ）といいます。この技術が誕生した時代は綿織物が主流だったため、綿レースとも呼びますが、最近では素材が多様なので、生地レースです。

ザンガッロの物語

生地レースの中にも、いろいろあります。ボーラーという錐《きり》で穴を開けながら、縁かがりや刺繍を施すボーラーレース（ｂｏｒｅｒ ｌａｃｅ）が有名です。ボーラーレースの穴のとりわけ小さいものは、ハトメの穴を意味するアイレットレース（ｅｙｅｌｅｔ ｌａｃｅ）といいます。

この生地レースは、どことなくノスタルジックな雰囲気が漂います。女児服やブラウスなどに使う、定番的な生地の一つだからでしょうか。実は、手工レースから機械レースに進化した軌跡にまつわる物語もあります。昨年（２０１５年）、トレンド素材として注目された「ザンガッロ」です。

イタリア語のＳａｎ Ｇａｌｌｏで、スイス東部の都市、ザンクト・ガレン（Ｓｔ．Ｇａｌｌｅｎ）を指します。意味はまさに、綿レースそのものです。諸説ありますが、南イタリアの伝統的な花嫁衣装に欠かせない手仕事の綿レース（ｃｕｔｗｏｒｋ）があり、それを機械化したのがザンクト・ガレンの技術者なので、敬意を込めて名付けたというのが有力です。

ザンクト・ガレンは現在も、オートクチュール向けをはじめとして世界最高峰とされるエンブロイダリーレースの関連業者が集積しています。テキスタイル産地としてのルーツは綿織物で、スペイン向けの輸出などで潤いました。手工レースの歴史とイタリアの位置づけを思い出すと、ザンガッロの物語は説得力がありますね。

第65話 薬品への耐性の差が美に

ケミカルの今昔

機械レースの中でも種類の多いエンブロイダリーレースですが、よく聞くものにケミカルレース（ｃｈｅｍｉｃａｌ ｌａｃｅ）がありますね。名前の通り、化学的な処理を応用して誕生したレースです。ただ、一般的なイメージと異なりそうなのが、エンブロイダリーレースの中でも最も高価であることです。

ケミカルレースは、水に溶ける基布にエンブロイダリーレース機で連続模様を刺繍した後、基布を溶かしてしまって、刺繍だけを残すものをいいます。つまり、目に見えるのは、華やかで立体的な刺繍部分、モチーフです。手工レースのニードルレースのようにも見えますし、ウエディングドレスをはじめとするフォーマルウエアなどによく使われています。モチーフだけを切り離して、豪華で装飾的なパーツとして使うこともあります。手間も時間もかかるため、高価なことが想像できますね。

昔は、綿などの織物を基布として刺繍したうえで、基布を酸性の薬品などで溶かしていました。化学反応を利用するので、ケミカルレースですね。しかし、現在は基布に水溶性ビニロンを使い、水で落とすだけです。つまり、砂糖を水で溶かすのと同じ話で、工程にケミカルな要素はありませんが、名前が残っているのですね。海外では、ベネチアンレース（ボビンレースの一つ）を模したギュピールレース（ｇｕｉｐｕｒｅ ｌａｃｅ）と呼ばれます。

レースもオパール加工も仲間

同じように、薬品と糸の組み合わせで、透けた生地を作る手法に、オパール（ｏｐａｌ）加工があります。

まず、耐薬品性の異なる糸を何種類か、またはそれらの複合糸を使って織り上げます。その織物を下地にして、薬剤を含む糊や染料を好みの模様に捺染《なっせん》し、その部分を溶かしてしまう方法です。ポリエステルなどの合成繊維や絹は酸に強いですが、綿やレーヨンなどのセルロース繊維は酸に対する耐性がありません。仮にポリエステルを経糸、レーヨンを緯糸にした織物に、水玉模様のオパール加工を全面に施せば、緯糸だけが消えて半透明感のある水玉が得られるわけです。

この名前は宝石のオパールのイメージから付けられた和製英語で、海外では通じません。フランス語のｄｅｖｏｒｅｒ（デボレ）から、英語でもdevour（デボア）といったり、burn-out printing（finish、焼き抜き捺染、バーンアウト）といったりするほか、ケミカルレースという呼び方もあります。

つまり、レース機を使わなくても、手法が等しく、最終的に「部分的に透けた生地」になる点で、レースもオパール加工も仲間ということですね。ここ数シーズン、レースは欠かせない素材として活躍しています。1枚仕立てはもちろん、パッチワーク的な使い方にも、さまざまな用法を知っておきたいですね。

ケミカルレース
基布に刺繍をして溶かしています。
刺繍が立体的なのね。

不織布

糸を織らずに作る布

織り上げない布で有名なのはフェルトです。
不織布は糸の発明以前から存在したともいわれ、
現在ではその作り方も製品も多彩です。

素材いろいろ物語

第66話 絨毯も濾過も長いお付き合い

最も古い布、不織布

これまで、布・テキスタイル（ｔｅｘｔｉｌｅ）の多くを占める織物（ｗｏｖｅｎ ｆａｂｒｉｃ）や編物（ｋｎｉｔ）、そのどちらにもかかわるレース（ｌａｃｅ）を見てきました。織物は経糸と緯糸を機械で交差させながら組み、織り上げます。編物は1本の糸で編み目を作って編み上げるのでしたね。

このほかの布として今回は、不織布《ふしょくふ》（織っていない布）に触れましょう。その名の通り、糸を織り上げることのない布であり、ノンウーブンファブリック（ｎｏｎｗｏｖｅｎ　ｆａｂｒｉｃ）と呼ばれます。さまざまな方法で繊維と繊維の間をつなぎ、シート状にしたものです。まさに布の形状ですから、織物と同じような用途に活用される素材です。

現代的な素材のようですが、一方で、最も古い布でもあります。身近な不織布にフェルト（ｆｅｌｔ）がありますが、この原型は人類が糸を作り始める前から存在したと考えられています。

以前、ウール（ｗｏｏｌ、毛繊維）の特徴のあらましで見たように、ウールには縮絨《しゅくじゅう》という性質がありました。それは、せっけん水と熱、そして圧力とを加えて揉むと繊維がからみ合い、密着して、硬めの塊、つまりフェルト状になるというものです。この性質を、人類は羊と暮らし始めてかなり早い段階で体得し、絨毯《じゅうたん》などに使っていたと見られます。毛皮を活用し、まとった時代と重なっていそうですね。

細く長く、糸の状態にして、さまざまな編物や織物にするよりも、暖かなウールならではの繊維の塊を敷物などに利用したであろう古《いにしえ》の時代は、想像しやすいですよね。ちなみに、旧約聖書の創世記でおなじみの「ノアの方舟」でも、方舟の底で羊の毛が踏み固められたフェルトの話が残っています。

多様に生かされるフェルト

フェルトには、敷物や靴の底地などと同様に、「濾過《ろか》する」という重要な役割があります。フィルター（ｆｉｌｔｅｒ、濾過布）という言葉は、フェルトがワインの濾過などに、紀元前から多く使われていたことを意味しています。

歴史的に振り返りやすいフェルトは、現在の分類では、「圧縮

（ｐｒｅｓｓ）フェルト」といいます。圧力に対して弾力がありますが、引っ張りや摩擦には弱いのが特徴です。生産は機械化され、自動化が進んでいますが、縮絨性を生かす古くからの原理は変わりません。国内では年間６０００トン弱を生産していることを目安に覚えておくとよいでしょう。今秋冬（２０１６年）は、久しぶりにベレー帽がトレンドアイテムに浮上しそうですが、ベレー帽やハットなどは圧縮フェルトの代表例ですね。

ほかに、毛織物を縮絨し、繊維間の密度を高めたものが「織りフェルト」と呼ばれます。本来、織物ですから、引っ張りや摩擦に強く、今では編み地を使うタイプも含め、さまざまなアイテムに使われています。

第67話　織らずに便利、広がる品種

フリースと同じルーツ

手芸などに使うフェルトが、有史以前から身近な存在であったことを見てきました。ウールの縮絨性を利用した、最も古い不織布でしたね。

化合繊の生産が多い現在では、不織布も化合繊の特徴を生かしたものが大半です。以前、触れたように、化合繊は原料をノズルから出すと同時に、糸やわたの形状にできますから、それらをランダムに配列したり、クモの巣を伸ばしたり、重ねたりするような感じで、広げます。

こうして、ちょうど和紙を漉《す》いたようなシート状になったものをウェブ（ｗｅｂ）といいます。フリースと呼ばれることもあります。羊の毛を刈り取ったフリースウール、それから名付けられたポリエステルフリースと同じルーツと想像できますね。繊維（毛）の塊である布状のものということです。

このように、糸を織ったり、編んだりすることなく、不織布の原型が作られていきます。糸として完成品を作り、さらに織物を作っていくより、労力も時間もずっと減らせる利点があります。そのため、織物ほどは強度の不要な芯地をはじめ、使い捨てのマスクやふきん、フィルター、紙おむつなど身近なもののほか、素材も強さもこだわった人工皮革やカーペットまで、非常に幅広く使われています。需要も多く、成長が期待される繊維の一つで、日本での生産量も年間約34万トンあります。

作り方も製品も多彩

用途がたくさんあるように、作り方も製品も多彩です。主な手法としては、前述したウェブという原型をもとにして、①接着剤で固める ②溶融性のある繊維を使って熱で融着させる ③針や高圧水流（ジェットウォーター）などで何度も突いて繊維をからませる、といった形で繊維を結合し、その後に加工もして完成させます。

そのうち、生産量の約3分の1を占めるのが、①の一つに当たるスパンボンド（spun bonded nonwoven fabric）・メルトブロー（melt-blown nonwoven fabric）方式です。合成繊維の長繊維を使い、ノズルからウェブ、融着まで効率的に一貫できる利点があります。

よく耳にするサーマルボンド（thermal‐bonded nonwoven fabric）は②に当たり、融点の低いポリマー（原料）を溶かして繊維を結合していきます。
③の「針」による手法は、ニードルパンチ（needle‐punched nonwoven fabric）といいます。ウェブに対して針を激しく往復運動（パンチ）させることで、繊維がフェルト状になる性質を生かしています。針には糸が通っておらず、強く小さな針の点の圧力で繊維をほつれさせ、また繊維同士をなじませるように結合させる方法です。柔らかで自然な雰囲気も出し

やすいので、織・編物や服の後加工でも同じ名前の方法が重宝されていますね。

これまで、衣服の素材を駆け足で見てきました。服作りの大事な部分でありながら、ちょっと敬遠されがちな素材ですが、興味の持てるところから付き合っていけば、新しい世界や可能性が感じられるはずです。

●主要参考文献

『アパレル用語事典』小川龍夫、繊研新聞社、２００１
『新版ファッション／アパレル辞典』小川龍夫、繊研新聞社、２０１３
『繊維総合辞典』繊維総合辞典編集委員会編、繊研新聞社、２００２
『ファッション大辞典』吉村誠一、繊研新聞社、２０１０
『アパレル素材の基本』鈴木美和子・窪田英男・徳武正人、繊研新聞社、２００４
『テキスタイル用語辞典』成田典子、テキスタイル・ツリー、２０１２
『繊維ハンドブック２０１４』日本化学繊維協会、２０１３
『繊維の実際知識』（第６版）中村耀、東洋経済新報社、１９８９
『日本織物風土記』全国繊維工業技術協会、１９９５
『新・田中千代服飾事典』田中千代、同文書院、１９９１
『神と歌の物語・新訳古事記』尾崎左永子、草思社、２００５
『折々のうた』大岡信、岩波新書、２００３
『日本の古典をよむ・万葉集』小島憲之・木下正俊・東野治之、小学館、２００８

ラ

羅【ラ】 249
ラッセル編み機【ラッセルアミキ】 272
ラッセルレース 322
ラミー 28
ラメ糸【ラメイト】 154
力織機【リキショッキ】 251
リネン 15、28、32
リバーレース 319
リブ編み【リブアミ】 287
リヨセル 90
ループ糸【ループシ】 154
レース 302 〜 329
レーヨン 25、84 〜 88
レーヨン短繊維【レーヨンタンセンイ】⇒スフ
レピア織機【レピアショッキ】 261
絽【ロ】 249
ロービング 133
ロープ染色【ロープセンショク】 211
ローン 185

ワ

ワッフル 223
輪奈【ワナ】⇒ループ糸

ベルベッティーン　237
ベルベット⇒ビロード
ベロア　240
ヘンプ　28
ボイル　187
紡績糸【ボウセキシ】 75、132 ～ 139
紡毛【ボウモウ】 58
ポーラ　184
ボーラーレース　324
ホールガーメント　295
ボビンレース　306
ポプリン　179、181
ポリアミド繊維【ポリアミドセンイ】⇒ナイロン
ポリウレタン繊維【ポリウレタンセンイ】 118
ポリエステル　112 ～ 119
ポワン・ド・フランス　313

マ

マイクロファイバー⇒極細繊維【ゴクボソセンイ】
マクラメレース　304
繭【マユ】 73、75
丸編み【マルアミ】 21
丸編み機【マルアミキ】 272
丸編みの三原組織【マルアミノサンゲンソシキ】 285
耳【ミミ】 163
ミラニーズ編み機【ミラニーズアミキ】 272
無杼織機【ムヒショッキ】 250
無縫製編み機【ムホウセイアミキ】⇒ホールガーメント
目付け【メツケ】 168
メリヤス　277
メリンス⇒モスリン
綿【メン】 38 ～ 49
杢糸【モクイト】 154
もじり織り【モジリオリ】⇒からみ織り【カラミオリ】
モスリン　186
モヘア　64
紋織物【モンオリモノ】 246
匁付け【モンメヅケ】 168

ヤ

ヤーン　22、126、132
野蚕【ヤサン】 76、77
有杼織機【ユウヒショッキ】 250
羊毛【ヨウモウ】 24
緯編み【ヨコアミ】 286
横編み【ヨコアミ】 21
横編み機【ヨコアミキ】 272
緯編み機【ヨコアミキ】 271
緯糸【ヨコイト】 162
撚り糸【ヨリイト】 123

動物繊維【ドウブツセンイ】 24
トーションレース 308
ドビー織機【ドビーショッキ】 247
飛び杼【トビヒ】 253
トリコット編み機【トリコットアミキ】 272
ドリル 198
トロピカル 183
緞子【ドンス】 219

ナ

ナイロン 96～103、114
梨地織り【ナシジオリ】 224
ニードルレース 310
ニット⇒編物【アミモノ】
緯糸・貫糸【ヌキイト】 162
ネップ糸【ネップシ】 154
糊付け【ノリヅケ】 171

ハ

パール編み【パールアミ】 285、288
パイル織物【パイルオリモノ】 228～243
ハニカム⇒浮き織り【ウキオリ】
半合成繊維【ハンゴウセイセンイ】 25、94
番手【バンテ】 137
杼【ヒ】⇒シャトル
疋【ヒキ】 167
ピマ綿【ピマメン】 47
平編み【ヒラアミ】 285、286
平織り【ヒラオリ】 176～192
平型編み機【ヒラガタアミキ】 272
ビロード 232、238
ピローレース 307
広幅【ヒロハバ】 165
ファイバー⇒繊維【センイ】
ファイユ 182
ファンシーヤーン 154
フィブロイン 79
フィラメント⇒長繊維【チョウセンイ】
フェルト 20、333
複合繊維【フクゴウセンイ】 153
不織布【フショクフ】 20、332～340
布帛【フハク】 31
フライス 287
フランス綾【フランスアヤ】 198
フリース 56、336
フルファッション 293
フレスコ 184
ブロード 179、181
別珍【ベッチン】 229、236、238
PET 繊維【ペットセンイ】 115
経通し【ヘトオシ】 172
ヘリンボーン 201

ステッチ　316
スパン⇒紡績糸【ボウセキシ】、短繊維【タンセンイ】
スパンデックス　118
スフ　85
スライバー　133
スラブ糸【スラブシ】　154
スレッド　22、126
整経【セイケイ】　170
精製セルロース繊維【セイセイセルロースセンイ】　90
精練【セイレン】　79
セリシン　79
セル　200
セルロース繊維【セルロースセンイ】87、93
繊維【センイ】　22
綜絖【ソウコウ】　172、241
双糸【ソウシ】　125
梳綿【ソメン】⇒カーディング
梳毛【ソモウ】　58

タ

タータン　203
大麻【タイマ】⇒ヘンプ
タオル　230
高機【タカハタ】　251
タッサー　77
経編み【タテアミ】　21、286
経編み機【タテアミキ】　271
経糸【タテイト】　162
タフタ　178
ダブル幅【ダブルハバ】　164
玉繭【タマママユ】　76
ダンガリー　213
単糸【タンシ】　125
弾性繊維【ダンセイセンイ】⇒スパンデックス
短繊維【タンセンイ】　75、103、106
反物【タンモノ】　167
縮み【チヂミ】⇒シボ
チュールレース　319
長繊維【チョウセンイ】　75、103、106
長繊維糸【チョウセンイシ】　142～150
超長綿【チョウチョウメン】　47
苧麻【チョマ】⇒ラミー
縮緬【チリメン】　192
ツイード　201
ツイル　196
ＴＣ【ティーシー】　115
デシン　191
デニール　78、146
デニム　169、207
手機【テバタ】　251
テリークロス⇒タオル
天蚕【テンサン】　77
テンセル　92
天然繊維【テンネンセンイ】　23

強撚糸【キョウネンシ】 187
ギンガム 184
金銀糸【キンギンシ】 154
グリッパー織機【グリッパーショッキ】 261
クレープ 189
グログラン 182
クロシェレース 304
ケミカルレース 326
合成繊維【ゴウセイセンイ】 100
黄麻【コウマ】⇒ジュート
コーデュロイ 229、236、238
極細繊維【ゴクボソセンイ】 113、152
腰機【コシバタ】⇒居座機機【イザリバタ】
忽【コツ】 124
コットン⇒綿【メン】
琥珀織り【コハクオリ】 179
小幅【コハバ】 165
ゴム編み【ゴムアミ】 285、287

サ

サージ 200
再生繊維【サイセイセンイ】 25、90
柞蚕【サクサン】 77
サテン⇒朱子織り【シュスオリ】
ザンガッロ 324
三大合繊【サンダイゴウセン】 108
地【ジ】 163
地糸【ジイト】 249
ジーンズ 208
ジェット織機【ジェットショッキ】 260
地機【ジバタ】⇒居座機【イザリバタ】
シボ 192
紗【シャ】 178、249
ジャージー 272、274
ジャカード 241
シャトル 162、172、250、259
シャトル織機【シャトルショッキ】 252、254
斜文織り【シャモンオリ】⇒綾織り【アヤオリ】
シャンタン 77
シャンブレー 214
ジュート 28
獣毛【ジュウモウ】 64～67
縮絨【シュクジュウ】 333
朱子織り【シュスオリ】 177、194、216～219
ジョーゼット 191
植物繊維【ショクブツセンイ】 23
織機【ショッキ】 246～261
シルク⇒絹
皺【シワ】⇒シボ
シングル幅【シングルハバ】 164
人造絹糸【ジンゾウケンシ】 84
人造繊維【ジンゾウセンイ】 24
ステープル⇒短繊維【タンセンイ】

主な用語索引

ア

アクリル　106～109
麻【アサ】　28～35
畦編み【アゼアミ】　287
アセテート　25、94
亜麻【アマ】⇒リネン
編み機【アミキ】　271
編み地【アミジ】　269
編物【アミモノ】　20、264～300
アムンゼン　224
綾織り【アヤオリ】　177、194～214
アランセーター　275
アルパカ　64、66
アンゴラ　64
異型断面糸【イケイダンメンシ】　153
居座機【イザリバタ】　251
糸【イト】　22、122～129
インディゴ　211
ウーステッド⇒梳毛【ソモウ】
ウール　52～63
ウールン⇒紡毛【ボウモウ】
浮き織り【ウキオリ】　223
畝編み【ウネアミ】　287
円型編み機【エンケイアミキ】　271
エンブロイダリーレース　323、326
オーガニックコットン　48
オールオーバーレース　323
筬【オサ】　172
オパール加工【オパールカコウ】　328
織物【オリモノ】　18、156～173
織物の三原組織【オリモノノサンゲンソシキ】　177

カ

ガーゼ　177
カーディング　133
蚕【カイコ】　73、75、76
海島綿【カイトウメン】　47
化学繊維【カガクセンイ】　23、24
家蚕【カサン】　76
カシミヤ　24、64
カットソー　21、272、281
鹿の子編み【カノコアミ】　289
からみ糸　249
からみ織り【カラミオリ】　177、248
からむし　30
カルゼ　198
変わり織り【カワリオリ】　222～225
ギザ綿【ギザメン】　47
絹【キヌ】　70～81
ギャバジン　198
キャメル　64
キュプラ　25、87

SENKEN FASHION BUSINESS BOOK

繊研新聞社発行

メンズファッション大全

ろした、本格的で、かつ易しい「メンズファッション」ガイドブック。テーラードクロージングからメンズアクセサリーまで、メンズファッションに関わる全てをカバー。入門者はもちろん、経験者も、もう一度基本に立ち戻ってメンズファッションの原点を知ることができる。

吉村 誠一

第1部 テーラードクロージング編
第2部 カジュアルウエア編
第3部 スポーツウエア編
第4部 アンダーウエア&ホームウエア編
第5部 アクセサリーズ編

●用語索引数3550語
●イラスト600カット

好評2刷

978-4-88124-190-5
■A5判/576頁
■定価=本体4762円+税

日米英ファッション用語イラスト事典

Illustrated **DICTIONARY** *of* **FASHION** Japanese American British

繊研新聞通信員として18年間にわたり、ニューヨークとロンドンで取材を続けてきた杉本佳子と若月美奈が執筆・編集、生きた現場のファッション用語を日本語、米語、英語で表記しイラストとともに紹介する。素材からアパレル、ビジネス用語まで幅広く網羅して完全なバイリンガル編集でまとめられた、英米語を知りたい日本人はもちろん、日本語を知りたい外国人にも役立つ事典。

世界初、ビジュアル解説のファッション事典。
イラスト3000点、日本語6000語、米・英語それぞれ5500語を収録!

若月 美奈・杉本 佳子 古川 広道(イラスト)

好評3刷

978-4-88124-192-9
■A5判/944頁
■定価=本体5714円+税

繊研新聞社出版部

東京都中央区日本橋箱崎町31−4 箱崎314ビル
TEL 03(3661)3681
FAX 03(3666)4236

申込方法

①書名、氏名、住所、電話をご記入のうえ、出版部宛FAXでお申し込みください。
②インターネットでも承ります。アドレスは、
http://www.senken.co.jp/books/
お申し込み書籍に郵便振替用紙を同封してお送りいたします。書籍が到着次第お振り込みください。

著者略歴
若狭純子（わかさ・すみこ）
繊研新聞社・本社編集部記者、1面デスク。1992年、繊研新聞社入社。本社営業部を経て95年、大阪支社編集部に異動、合繊メーカーや産地など川上グループ配属。欧州の糸・織物見本市や産地を中心とするテキスタイルトレンド取材に長く携わる。その後、レディスアパレル、ファッショングッズ、人材分野などを担当し、2009年から商品面デスク、14年4月から現職。

表紙デザイン
原　敏行（はら・としゆき）

イラスト
川口　真由（かわぐち・まゆ）

ファッション入門講座《にゅうもんこうざ》
素材《そざい》いろいろ物語《ものがたり》

2016年9月30日　初版第1刷発行

編　著　者　若狭《わかさ》　純子《すみこ》
発　行　者　佐々木　幸二
発　行　所　繊研新聞社
〒103-0015　東京都中央区日本橋箱崎町31-4　箱崎314ビル
TEL.03(3661)3681　FAX.03(3666)4236
制　　　作　スタジオ　スフィア
印刷・製本　株式会社シナノパブリシングプレス
乱丁・落丁本はお取り替えいたします。

ISBN978-4-88124-320-6　C3060